# Historia del tiempo

Drakontos

Director:

José Manuel Sánchez Ron

# Historia del tiempo

*Del big bang a los agujeros negros*

Stephen W. Hawking

Introducción de
Carl Sagan

Traducción castellana de
Miguel Ortuño
catedrático de Física
de la Universidad de Murcia

Crítica
Barcelona

Primera edición: octubre de 1988
Primera edición en esta nueva presentación: enero de 2025

*Historia del tiempo. Del big bang a los agujeros negros*
Stephen Hawking



Título original: *A Brief History of Time from the Big Bang to Black Holes*

Traducción de Miguel Ortuña


Av. Diagonal, 662-664, 08034 Barcelona (España) Crítica es un sello editorial de Editorial Planeta, S. A.

editorial@ed-critica.es
www.ed-critica.es

ISBN: 978-84-9199-617-0
Depósito legal: B. 22.749-2024
Impresión y encuadernación: Arteos Digital *Printed in Spain* - Impreso en España

*Este libro está dedicado a Jane*

# AGRADECIMIENTOS

Decidí escribir una obra de divulgación sobre el espacio y el tiempo después de impartir en Harvard las conferencias Loeb de 1982. Ya existía una considerable bibliografía acerca del universo primitivo y de los agujeros negros, en la que figuraban desde libros muy buenos, como el de Steven Weinberg, *Los tres primeros minutos del universo*, hasta otros muy malos, que no nombraré. Sin embargo, sentía que ninguno de ellos se dirigía realmente a las cuestiones que me habían llevado a investigar en cosmología y en la teoría cuántica: ¿de dónde viene el universo? ¿Cómo y por qué empezó? ¿Tendrá un final, y, en caso afirmativo, cómo será? Estas son cuestiones de interés para todos los hombres. Pero la ciencia moderna se ha hecho tan técnica que sólo un pequeño número de especialistas son capaces de dominar las matemáticas utilizadas en su descripción. A pesar de ello, las ideas básicas acerca del origen y del destino del universo pueden ser enunciadas sin matemáticas, de tal manera que las personas sin una educación científica las puedan entender. Esto es lo que he intentado hacer en este libro. El lector debe juzgar si lo he conseguido.

Alguien me dijo que cada ecuación que incluyera en el libro reduciría las ventas a la mitad. Por consiguiente, decidí no poner ninguna en absoluto. Al final, sin embargo, *sí* que incluí una ecuación, la famosa ecuación de Einstein, $E=mc^2$. Espero que esto no asuste a la mitad de mis potenciales lectores.

Aparte de haber sido lo suficientemente desafortunado como para contraer el ALS, o enfermedad de las neuronas motoras, he tenido suerte en casi todos los demás aspectos. La ayuda y apoyo que he recibido de mi esposa, Jane, y de mis hijos, Robert, Lucy y Timmy, me han hecho posible llevar una vida bastante normal y tener éxito en mi carrera. Fui de nuevo afortunado al elegir la física teórica, porque todo está en la mente. Así, mi enfermedad no ha constituido una seria desventaja. Mis colegas científicos han sido, sin excepción, una gran ayuda para mí.

En la primera fase «clásica» de mi carrera, mis compañeros y colaboradores principales fueron Roger Penrose, Robert Geroch, Brandon Carter y George Ellis. Les estoy agradecido por la ayuda que me prestaron y por el trabajo que realizamos juntos. Esta fase fue recogida en el libro *The Large Scale Structure of Spacetime*, que Ellis y yo escribimos en 1973. Desaconsejaría a los lectores de este libro consultar esa obra para una mayor información: es altamente técnica y bastante árida. Espero haber aprendido desde entonces a escribir de una manera más fácil de entender.

En la segunda fase «cuántica» de mi trabajo, desde 1974, mis principales colaboradores han sido Gary Gibbons, Don Page y Jim Hartle. Les debo mucho a ellos y a mis estudiantes de investigación, que me han ayudado muchísimo, tanto en el sentido físico como en el sentido teórico de la palabra. El haber tenido que mantener el ritmo de mis estudiantes ha sido un gran estímulo, y ha evitado, así lo espero, que me quedase anclado en la rutina.

Para la realización de este libro he recibido gran ayuda de Brian Whitt, uno de mis alumnos. Contraje una neumonía en 1985, después de haber escrito el primer borrador. Se me tuvo que realizar una operación de traqueotomía que me privó de la capacidad de hablar, e hizo casi imposible que pudiera comunicarme. Pensé que sería incapaz de acabarlo. Sin embargo,

Brian no sólo me ayudó a revisarlo, sino que también me enseñó a utilizar un programa de comunicaciones llamado Living Center ('centro viviente'), donado por Walt Woltosz, de Words Plus Inc., en Sunnyvale, California. Con él puedo escribir libros y artículos, y además hablar con la gente por medio de un sintetizador donado por Speech Plus, también de Sunnyvale. El sintetizador y un pequeño ordenador personal fueron instalados en mi silla de ruedas por David Mason. Este sistema le ha dado la vuelta a la situación: de hecho, me puedo comunicar mejor ahora que antes de perder la voz.

He recibido múltiples sugerencias sobre cómo mejorar el libro, aportadas por gran cantidad de personas que habían leído versiones preliminares. En particular, de Peter Guzzardi, mi editor en Bantam Books, quien me envió abundantes páginas de comentarios y preguntas acerca de puntos que él creía que no habían sido explicados adecuadamente. Debo admitir que me irrité bastante cuando recibí su extensa lista de cosas que debían ser cambiadas, pero él tenía razón. Estoy seguro de que este libro ha mejorado mucho gracias a que me hizo trabajar sin descanso.

Estoy muy agradecido a mis ayudantes, Colin Williams, David Thomas y Raymond Laflamme; a mis secretarias Judy Fella, Ann Ralph, Cheryl Billington y Sue Masey; y a mi equipo de enfermeras. Nada de esto hubiera sido posible sin la ayuda económica, para mi investigación y los gastos médicos, recibida de Gonville and Caius College, el Science and Engineering Research Council, y las fundaciones Leverhulme, McArthur, Nuffield y Ralph Smith. Mi sincera gratitud a todos ellos.

STEPHEN HAWKING

20 de octubre de 1987

# INTRODUCCIÓN

Nos movemos en nuestro ambiente diario sin entender casi nada acerca del mundo. Dedicamos poco tiempo a pensar en el mecanismo que genera la luz solar que hace posible la vida, en la gravedad que nos ata a la Tierra y que de otra forma nos lanzaría al espacio, o en los átomos de los que estamos constituidos y de cuya estabilidad dependemos de manera fundamental. Excepto los niños (que no saben lo suficiente como para no preguntar las cuestiones importantes), pocos de nosotros dedicamos tiempo a preguntarnos por qué la naturaleza es de la forma que es, de dónde surgió el cosmos, o si siempre estuvo aquí, si el tiempo correrá en sentido contrario algún día y los efectos precederán a las causas, o si existen límites fundamentales acerca de lo que los humanos pueden saber. Hay incluso niños, y yo he conocido alguno, que quieren saber a qué se parece un agujero negro, o cuál es el trozo más pequeño de la materia, o por qué recordamos el pasado y no el futuro, o cómo es que, si hubo caos antes, existe, aparentemente, orden hoy, y, en definitiva, por qué *hay* un universo.

En nuestra sociedad aún sigue siendo normal para los padres y los maestros responder a estas cuestiones con un encogimiento de hombros, o con una referencia a creencias religiosas vagamente recordadas. Algunos se sienten incómodos con cuestiones de este tipo, porque nos muestran vívidamente las limitaciones del entendimiento humano.

Pero gran parte de la filosofía y de la ciencia han estado guiadas por tales preguntas. Un número creciente de adultos desean preguntar este tipo de cuestiones, y, ocasionalmente, reciben algunas respuestas asombrosas. Equidistantes de los átomos y de las estrellas, estamos extendiendo nuestros horizontes exploratorios para abarcar tanto lo muy pequeño como lo muy grande.

En la primavera de 1974, unos dos años antes de que la nave espacial *Viking* aterrizara en Marte, estuve en una reunión en Inglaterra, financiada por la Royal Society de Londres, para examinar la cuestión de cómo buscar vida extraterrestre. Durante un descanso noté que se estaba celebrando una reunión mucho mayor en un salón adyacente, en el cual entré movido por la curiosidad. Pronto me di cuenta de que estaba siendo testigo de un rito antiquísimo, la investidura de nuevos miembros de la Royal Society, una de las más antiguas organizaciones académicas del planeta. En la primera fila, un joven en una silla de ruedas estaba poniendo, muy lentamente, su nombre en un libro que lleva en sus primeras páginas la firma de Isaac Newton. Cuando al final acabó, hubo una conmovedora ovación. Stephen Hawking era ya una leyenda.

Hawking ocupa ahora la cátedra *Lucasian* de matemáticas de la Universidad de Cambridge, un puesto que fue ocupado en otro tiempo por Newton y después por P.A.M. Dirac, dos célebres exploradores de lo muy grande y lo muy pequeño. Él es su valioso sucesor. Este, el primer libro de Hawking para el no especialista, es una fuente de satisfacciones para la audiencia profana. Tan interesante como los contenidos de gran alcance del libro es la visión que proporciona de los mecanismos de la mente de su autor. En este libro hay revelaciones lúcidas sobre las fronteras de la física, la astronomía, la cosmología, y el valor.

También se trata de un libro acerca de Dios... o quizás acerca de la ausencia de Dios. La palabra Dios llena estas páginas.

Hawking se embarca en una búsqueda de la respuesta a la famosa pregunta de Einstein sobre si Dios tuvo alguna posibilidad de elegir al crear el universo. Hawking intenta, como él mismo señala, comprender el pensamiento de Dios. Y esto hace que sea totalmente inesperada la conclusión de su esfuerzo, al menos hasta ahora: un universo sin un borde espacial, sin principio ni final en el tiempo, y sin lugar para un Creador.

CARL SAGAN

Universidad de Cornell,
Ithaca, Nueva York

# Capítulo 1

# NUESTRA IMAGEN DEL UNIVERSO

Un conocido científico (algunos dicen que fue Bertrand Russell) daba una vez una conferencia sobre astronomía. En ella describía cómo la Tierra giraba alrededor del Sol y cómo éste, a su vez, giraba alrededor del centro de una vasta colección de estrellas conocida como nuestra galaxia. Al final de la charla, una simpática señora ya de edad se levantó y le dijo desde el fondo de la sala: «Lo que nos ha contado usted no son más que tonterías. El mundo es en realidad una plataforma plana sustentada por el caparazón de una tortuga gigante». El científico sonrió ampliamente antes de replicarle, «¿y en qué se apoya la tortuga?». «Usted es muy inteligente, joven, muy inteligente —dijo la señora—. ¡Pero hay infinitas tortugas una debajo de otra!».

La mayor parte de la gente encontraría bastante ridícula la imagen de nuestro universo como una torre infinita de tortugas, pero ¿en qué nos basamos para creer que lo conocemos mejor? ¿Qué sabemos acerca del universo, y cómo hemos llegado a saberlo? ¿De dónde surgió el universo, y a dónde va? ¿Tuvo el universo un principio, y, si así fue, que sucedió con anterioridad a él? ¿Cuál es la naturaleza del tiempo? ¿Llegará éste alguna vez a un final? Avances recientes de la física, posibles en parte gracias a fantásticas nuevas tecnologías, sugieren respuestas a algunas de estas preguntas que desde hace mucho tiempo nos preocupan. Algún día estas respuestas podrán parecernos tan obvias como el que la Tierra gire alrededor del Sol, o, quizás, tan ridículas como una torre de tortugas. Sólo el tiempo (cualquiera que sea su significado) lo dirá.

Ya en el año 340 a.C. el filósofo griego Aristóteles, en su libro *De los Cielos*, fue capaz de establecer dos buenos argumentos para creer que la Tierra era una esfera redonda en vez de una plataforma plana. En primer lugar, se dio cuenta de que los eclipses lunares eran debidos a que la Tierra se situaba entre el Sol y la Luna. La sombra de la Tierra sobre la Luna era siempre redonda. Si la Tierra hubiera sido un disco plano, su sombra habría sido alargada y elíptica a menos que el eclipse siempre ocurriera en el momento en que el Sol estuviera directamente debajo del centro del disco. En segundo lugar, los griegos sabían, debido a sus viajes, que la estrella Polar aparecía más baja en el cielo cuando se observaba desde el sur que cuando se hacía desde regiones más al norte. (Como la estrella Polar está sobre el polo norte, parecería estar justo encima de un observador situado en dicho polo, mientras que para alguien que mirara desde el ecuador parecería estar justo en el horizonte.) A partir de la diferencia en la posición aparente de la estrella Polar entre Egipto y Grecia, Aristóteles incluso estimó que la distancia alrededor de la Tierra era de 400.000 estadios. No se conoce con exactitud cuál era la longitud de un estadio, pero puede que fuese de unos 200 metros, lo que supondría que la estimación de Aristóteles era aproximadamente el doble de la longitud hoy en día aceptada. Los griegos tenían incluso un tercer argumento en favor de que la Tierra debía de ser redonda, ¿por qué, si no, ve uno primero las velas de un barco que se acerca en el horizonte, y sólo después se ve el casco?

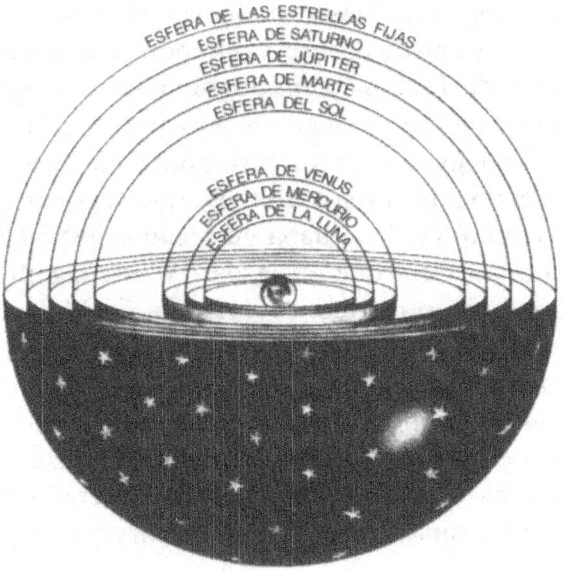


FIGURA 1.1

Aristóteles creía que la Tierra era estacionaria y que el Sol, la Luna, los planetas y las estrellas se movían en órbitas circulares alrededor de ella. Creía eso porque estaba convencido, por razones místicas, de que la Tierra era el centro del universo y de que el movimiento circular era el más perfecto. Esta idea fue ampliada por Ptolomeo en el siglo II d.C. hasta constituir un modelo cosmológico completo. La Tierra permaneció en el centro, rodeada por ocho esferas que transportaban a la Luna, el Sol, las estrellas y los cinco planetas conocidos en aquel tiempo, Mercurio, Venus, Marte, Júpiter y Saturno (figura 1.1). Los planetas se movían en círculos más pequeños engarzados en sus respectivas esferas para que así se pudieran explicar sus relativamente complicadas trayectorias celestes. La esfera más externa transportaba a las llamadas estrellas fijas, las cuales siempre permanecían en las mismas posiciones relativas, las unas con respecto de las otras, girando juntas a través del cielo. Lo que había detrás de la última esfera nunca fue descrito con claridad, pero ciertamente no era parte del universo observable por el hombre.

El modelo de Ptolomeo proporcionaba un sistema razonablemente preciso para predecir las posiciones de los cuerpos celestes en el firmamento. Pero, para poder predecir dichas posiciones correctamente, Ptolomeo tenía que suponer que la Luna seguía un camino que la situaba en algunos instantes dos veces más cerca de la Tierra que en otros. ¡Y esto significaba que la Luna debería aparecer a veces con tamaño doble del que usualmente tiene! Ptolomeo reconocía esta inconsistencia, a pesar de lo cual su modelo fue amplia, aunque no universalmente, aceptado. Fue adoptado por la Iglesia cristiana como la imagen del universo que estaba de acuerdo con las Escrituras, y que, además, presentaba la gran ventaja de dejar, fuera de la esfera de las estrellas fijas, una enorme cantidad de espacio para el cielo y el infierno.

Un modelo más simple, sin embargo, fue propuesto, en 1514, por un cura polaco, Nicolás Copérnico. (Al principio, quizás por miedo a ser tildado de hereje por su propia iglesia, Copérnico hizo circular su modelo de forma anónima.) Su idea era que el Sol estaba estacionario en el centro y que la Tierra y los planetas se movían en órbitas circulares a su alrededor. Pasó casi un siglo antes de que su idea fuera tomada verdaderamente en serio. Entonces dos astrónomos, el alemán Johannes Kepler y el italiano Galileo Galilei, empezaron a apoyar públicamente la teoría copernicana, a pesar de que las órbitas que predecía no se ajustaban fielmente a las observadas. El golpe mortal a la teoría aristotélico/ptolemaica llegó en 1609. En ese año, Galileo comenzó a observar el cielo nocturno con un telescopio, que acababa de inventar. Cuando miró al planeta Júpiter, Galileo encontró que éste estaba acompañado por varios pequeños satélites o lunas que giraban a su alrededor. Esto implicaba que no todo tenía que girar directamente alrededor de la Tierra, como Aristóteles y Ptolomeo habían supuesto. (Aún era posible, desde luego, creer que las lunas de Júpiter se movían en caminos extremadamente complicados alrededor de la Tierra, aunque daban la impresión de girar en torno a Júpiter. Sin embargo, la teoría de Copérnico era mucho más simple.) Al mismo tiempo, Johannes Kepler había modificado la teoría de Copérnico, sugiriendo que los planetas no se movían en círculos, sino en elipses (una elipse es un círculo alargado). Las predicciones se ajustaban ahora finalmente a las observaciones.

Desde el punto de vista de Kepler, las órbitas elípticas constituían meramente una hipótesis *ad hoc*, y, de hecho, una hipótesis bastante desagradable, ya que las elipses eran claramente menos perfectas que los círculos. Kepler, al descubrir casi por accidente que las órbitas elípticas se ajustaban bien a las observaciones, no pudo reconciliarlas con su idea de que los planetas estaban concebidos para girar alrededor del Sol atraídos por fuerzas magnéticas. Una explicación coherente sólo fue proporcionada mucho más tarde, en 1687, cuando sir Isaac Newton publicó su *Philosophiae Naturalis Principia Mathematica*, probablemente la obra más importante publicada en las ciencias físicas en todos los tiempos. En ella, Newton no sólo presentó una teoría de cómo se mueven los cuerpos en el espacio y en el tiempo, sino que también desarrolló las complicadas matemáticas necesarias para analizar esos movimientos. Además, Newton postuló una ley de la gravitación universal, de acuerdo con la cual cada cuerpo en el universo era atraído por cualquier otro cuerpo con una fuerza que era tanto mayor cuanto más masivos fueran los cuerpos y cuanto más cerca estuvieran el uno del otro. Era esta misma fuerza la que hacía que los objetos cayeran al suelo. (La historia de que Newton fue inspirado por una manzana que cayó sobre su cabeza es casi seguro apócrifa. Todo lo que Newton mismo llegó a decir fue que la idea de la gravedad le vino cuando estaba sentado «en disposición contemplativa», de la que «únicamente le distrajo la caída de una manzana».) Newton pasó luego a mostrar que, de acuerdo con su ley, la gravedad es la causa de que la Luna se mueva en una órbita elíptica alrededor de la Tierra, y de que la Tierra y los planetas sigan caminos elípticos alrededor del Sol.

El modelo copernicano se despojó de las esferas celestiales de Ptolomeo y, con ellas, de la idea de que el universo tiene una frontera natural. Ya que las «estrellas fijas» no parecían cambiar sus posiciones, aparte de una rotación a través del cielo causada por el giro de la Tierra sobre su eje, llegó a ser natural suponer que las estrellas fijas eran objetos como nuestro Sol, pero mucho más lejanos.

Newton comprendió que, de acuerdo con su teoría de la gravedad, las estrellas deberían atraerse unas a otras, de forma que no parecía posible que pudieran permanecer esencialmente en reposo. ¿No llegaría un determinado momento en el que todas ellas se aglutinarían? En 1691, en una carta a Richard Bentley, otro destacado pensador de su época, Newton argumentaba que esto verdaderamente sucedería si sólo hubiera un número finito de estrellas distribuidas en una región finita del espacio. Pero razonaba que si, por el contrario, hubiera un número infinito de estrellas, distribuidas más o menos uniformemente sobre un espacio infinito, ello no sucedería, porque no habría ningún punto central donde aglutinarse.

Este argumento es un ejemplo del tipo de dificultad que uno puede encontrar cuando se discute acerca del infinito. En un universo infinito, cada punto puede ser considerado como el centro, ya que todo punto tiene un número infinito de estrellas a cada lado. La aproximación correcta, que sólo fue descubierta mucho más tarde, es considerar primero una situación finita, en la que las estrellas tenderían a aglutinarse, y preguntarse después cómo cambia la situación cuando uno añade más estrellas uniformemente distribuidas fuera de la región considerada. De acuerdo con la ley de Newton, las estrellas extra no producirían, en general, ningún cambio sobre las estrellas originales, que por lo tanto continuarían aglutinándose con la misma rapidez. Podemos añadir tantas estrellas como queramos, que a pesar de ello las estrellas originales seguirán juntándose indefinidamente. Esto nos asegura que es imposible tener un modelo estático e infinito del universo, en el que la gravedad sea siempre atractiva.

Un dato interesante sobre la corriente general del pensamiento anterior al siglo XX es que nadie hubiera sugerido que el universo se estuviera expandiendo o contrayendo. Era generalmente aceptado que el universo, o bien había existido por siempre en un estado inmóvil, o bien había sido creado, más o menos como lo observamos hoy, en un determinado tiempo pasado finito. En parte, esto puede deberse a la tendencia que tenemos las personas a creer en verdades eternas, tanto como al consuelo que nos proporciona la creencia de que, aunque podamos envejecer y morir, el universo permanece eterno e inmóvil.

Incluso aquellos que comprendieron que la teoría de la gravedad de Newton mostraba que el universo no podía ser estático, no pensaron en sugerir que podría estar expandiéndose. Por el contrario, intentaron modificar la teoría suponiendo que la fuerza gravitacional fuese repulsiva a distancias muy grandes. Ello no afectaba significativamente a sus predicciones sobre el movimiento de los planetas, pero permitía que una distribución infinita de estrellas pudiera permanecer en equilibrio, con las fuerzas atractivas entre estrellas cercanas equilibradas por las fuerzas repulsivas entre estrellas lejanas. Sin embargo, hoy en día creemos que tal equilibrio sería inestable: si las estrellas en alguna región se acercaran sólo ligeramente unas a otras, las fuerzas atractivas entre ellas se harían más fuertes y dominarían sobre las fuerzas repulsivas, de forma que las estrellas, una vez que empezaran a aglutinarse, lo seguirían haciendo por siempre. Por el contrario, si las estrellas empezaran a separarse un poco entre sí, las fuerzas repulsivas dominarían alejando indefinidamente a unas estrellas de otras.

Otra objeción a un universo estático infinito es normalmente atribuida al filósofo alemán Heinrich Olbers, quien escribió acerca de dicho modelo en 1823. En realidad, varios contemporáneos de Newton habían considerado ya el problema, y el artículo de Olbers no fue ni siquiera el primero en contener argumentos plausibles en contra del anterior modelo. Fue, sin embargo, el primero en ser ampliamente conocido. La dificultad a la que nos referíamos estriba en que, en un universo estático infinito, prácticamente cada línea de visión acabaría en la superficie de una estrella. Así, sería de esperar que todo el cielo fuera, incluso de noche, tan brillante como el Sol. El contraargumento de Olbers era que la luz de las estrellas lejanas estaría oscurecida por la absorción debida a la materia intermedia. Sin embargo, si eso sucediera, la materia intermedia se calentaría, con el tiempo, hasta que iluminara de forma tan brillante como las estrellas. La única manera de evitar la conclusión de que todo el cielo nocturno debería de ser tan brillante como la superficie del Sol sería suponer que las estrellas no han estado iluminando desde siempre, sino que se encendieron en un determinado instante pasado finito. En este caso, la materia absorbente podría no estar caliente todavía, o la luz de las estrellas distantes podría no habernos alcanzado aún. Y esto nos conduciría a la cuestión de qué podría haber causado el hecho de que las estrellas se hubieran encendido por primera vez.

El principio del universo había sido discutido, desde luego, mucho antes de esto. De acuerdo con distintas cosmologías primitivas y con la tradición judeo-cristiana-musulmana, el universo comenzó en cierto tiempo pasado finito, y no muy distante. Un argumento en favor de un origen tal fue la sensación de que era necesario tener una «Causa Primera» para explicar la existencia del universo. (Dentro del universo, uno siempre explica un acontecimiento como causado por algún otro acontecimiento anterior, pero la existencia del universo en sí, sólo podría ser explicada de esta manera si tuviera un origen.) Otro argumento lo dio san Agustín en su libro *La ciudad de Dios*. Señalaba que la civilización está progresando y que podemos recordar quién realizó esta hazaña o desarrolló aquella técnica. Así, el hombre, y por lo tanto quizás también el universo, no podía haber existido desde mucho tiempo atrás. San Agustín, de acuerdo con el libro del Génesis, aceptaba una fecha de unos 5.000 años antes de Cristo para la creación del universo. (Es interesante comprobar que esta fecha no está muy lejos del final del último período glacial, sobre el 10.000 a.C., que es cuando los arqueólogos suponen que realmente empezó la civilización.)

Aristóteles, y la mayor parte del resto de los filósofos griegos, no era partidario, por el contrario, de la idea de la creación, porque sonaba demasiado a intervención divina. Ellos creían, por consiguiente, que la raza humana y el mundo que la rodea habían existido, y existirían, por siempre. Los antiguos ya habían considerado el argumento descrito arriba acerca del *progreso*, y lo habían resuelto diciendo que había habido inundaciones periódicas u otros desastres que repetidamente situaban a la raza humana en el principio de la civilización.

Las cuestiones de si el universo tiene un principio en el tiempo y de si está limitado en el espacio fueron posteriormente examinadas de forma extensiva por el filósofo Immanuel Kant en su monumental (y muy oscura) obra, *Crítica de la razón pura*, publicada en 1781. Él llamó a estas cuestiones antinomias (es decir, contradicciones) de la razón pura, porque le parecía que había argumentos igualmente convincentes para creer tanto en la tesis, que el universo tiene un principio, como en la antítesis, que el universo siempre había existido. Su argumento en favor de la tesis era que si el universo no hubiera tenido un principio, habría habido un período de tiempo infinito anterior a cualquier acontecimiento, lo que él consideraba absurdo. El argumento en pro de la antítesis era que si el universo hubiera tenido un principio, habría habido un período de tiempo infinito anterior a él, y de este modo, ¿por qué habría de empezar el universo en un tiempo particular cualquiera? De hecho, sus razonamientos en favor de la tesis y de la antítesis son realmente el mismo argumento. Ambos están basados en la suposición implícita de que el tiempo continúa hacia atrás indefinidamente, tanto si el universo ha existido desde siempre como si no. Como veremos, el concepto de tiempo no tiene significado antes del comienzo del universo. Esto ya había sido señalado en primer lugar por san Agustín. Cuando se le preguntó: ¿Qué hacía Dios antes de que creara el universo?, Agustín no respondió: estaba preparando el infierno para aquellos que preguntaran tales cuestiones. En su lugar, dijo que el tiempo era una propiedad del universo que Dios había creado, y que el tiempo no existía con anterioridad al principio del universo.

Cuando la mayor parte de la gente creía en un universo esencialmente estático e inmóvil, la pregunta de si éste tenía, o no, un principio era realmente una cuestión de carácter metafísico o teológico. Se podían explicar igualmente bien todas las observaciones tanto con la teoría de que el universo siempre había existido, como con la teoría de que había sido puesto en funcionamiento en un determinado tiempo finito, de tal forma que pareciera como si hubiera existido desde siempre. Pero, en 1929, Edwin Hubble hizo la observación crucial de que, donde quiera que uno mire, las galaxias distantes se están alejando de nosotros. O en otras palabras, el universo se está expandiendo. Esto significa que en épocas anteriores los objetos deberían de haber estado más juntos entre sí. De hecho, parece ser que hubo un tiempo, hace unos diez o veinte mil millones de años, en que todos los objetos estaban en el mismo lugar exactamente, y en el que, por lo tanto, la densidad del universo era infinita. Fue dicho descubrimiento el que finalmente llevó la cuestión del principio del universo a los dominios de la ciencia.

Las observaciones de Hubble sugerían que hubo un tiempo, llamado el *big bang* [gran explosión o explosión primordial], en que el universo era infinitésimamente pequeño e infinitamente denso. Bajo tales condiciones, todas las leyes de la ciencia, y, por tanto, toda capacidad de predicción del futuro, se desmoronarían. Si hubiera habido acontecimientos anteriores a este tiempo, no podrían afectar de ninguna manera a lo que ocurre en el presente. Su existencia podría ser ignorada, ya que ello no entrañaría consecuencias observables. Uno podría decir que el tiempo tiene su origen en el *big bang*, en el sentido de que los tiempos anteriores simplemente no estarían definidos. Es necesario señalar que este principio del tiempo es radicalmente diferente de aquellos previamente considerados. En un universo inmóvil, un principio del tiempo es algo que ha de ser impuesto por un ser externo al universo; no existe la necesidad física de un principio. Uno puede imaginarse que Dios creó el universo en, textualmente, cualquier instante de tiempo. Por el contrario, si el universo se está expandiendo, pueden existir poderosas razones físicas para que tenga que haber un principio. Uno aún se podría imaginar que Dios creó el universo en el instante del *big bang*, pero no tendría sentido suponer que el universo hubiese sido creado *antes* del *big bang*. ¡Un universo en expansión no excluye la existencia de un creador, pero sí establece límites sobre cuándo éste pudo haber llevado a cabo su misión!

Para poder analizar la naturaleza del universo, y poder discutir cuestiones tales como si ha habido un principio o si habrá un final, es necesario tener claro lo que es una teoría científica. Consideraremos aquí un punto de vista ingenuo, en el que una teoría es simplemente un modelo del universo, o de una parte de él, y un conjunto de reglas que relacionan las magnitudes del modelo con las observaciones que realizamos. Esto sólo existe en nuestras mentes, y no tiene ninguna otra realidad (cualquiera que sea lo que esto pueda significar). Una teoría es una buena teoría siempre que satisfaga dos requisitos: debe describir con precisión un amplio conjunto de observaciones sobre la base de un modelo que contenga sólo unos pocos parámetros arbitrarios, y debe ser capaz de predecir positivamente los resultados de observaciones futuras. Por ejemplo, la teoría de Aristóteles de que todo estaba constituido por cuatro elementos, tierra, aire, fuego y agua, era lo suficientemente simple como para ser cualificada como tal, pero fallaba en que no realizaba ninguna predicción concreta. Por el contrario, la teoría de la gravedad de Newton estaba basada en un modelo incluso más simple, en el que los cuerpos se atraían entre sí con una fuerza proporcional a una cantidad llamada masa e inversamente proporcional al cuadrado de la distancia entre ellos, a pesar de lo cual era capaz de predecir el movimiento del Sol, la Luna y los planetas con un alto grado de precisión.

Cualquier teoría física es siempre provisional, en el sentido de que es sólo una hipótesis: nunca se puede probar. A pesar de que los resultados de los experimentos concuerden muchas veces con la teoría, nunca podremos estar seguros de que la próxima vez el resultado no vaya a contradecirla. Sin embargo, se puede rechazar una teoría en cuanto se encuentre una única observación que contradiga sus predicciones. Como ha subrayado el filósofo de la ciencia Karl Popper, una buena teoría está caracterizada por el hecho de predecir un gran número de resultados que en principio pueden ser refutados o invalidados por la observación. Cada vez que se comprueba que un nuevo experimento está de acuerdo con las predicciones, la teoría sobrevive y nuestra confianza en ella aumenta. Pero si por el contrario se realiza alguna vez una nueva observación que contradiga la teoría, tendremos que abandonarla o modificarla. O al menos esto es lo que se supone que debe suceder, aunque uno siempre puede cuestionar la competencia de la persona que realizó la observación.

En la práctica, lo que sucede es que se construye una nueva teoría que en realidad es una extensión de la teoría original. Por ejemplo, observaciones tremendamente precisas del planeta

Mercurio revelan una pequeña diferencia entre su movimiento y las predicciones de la teoría de la gravedad de Newton. La teoría de la relatividad general de Einstein predecía un movimiento de Mercurio ligeramente distinto del de la teoría de Newton. El hecho de que las predicciones de Einstein se ajustaran a las observaciones, mientras que las de Newton no lo hacían, fue una de las confirmaciones cruciales de la nueva teoría. Sin embargo, seguimos usando la teoría de Newton para todos los propósitos prácticos ya que las diferencias entre sus predicciones y las de la relatividad general son muy pequeñas en las situaciones que normalmente nos incumben. (¡La teoría de Newton también posee la gran ventaja de ser mucho más simple y manejable que la de Einstein!)

El objetivo final de la ciencia es el proporcionar una única teoría que describa correctamente todo el universo. Sin embargo, el método que la mayoría de los científicos siguen en realidad es el de separar el problema en dos partes. Primero, están las leyes que nos dicen cómo cambia el universo con el tiempo. (Si conocemos cómo es el universo en un instante dado, estas leyes físicas nos dirán cómo será el universo en cualquier otro instante posterior.) Segundo, está la cuestión del estado inicial del universo. Algunas personas creen que la ciencia se debería ocupar únicamente de la primera parte: consideran el tema de la situación inicial del universo como objeto de la metafísica o de la religión. Ellos argumentarían que Dios, al ser omnipotente, podría haber iniciado el universo de la manera que más le hubiera gustado. Puede ser que sí, pero en ese caso él también podría haberlo hecho evolucionar de un modo totalmente arbitrario. En cambio, parece ser que eligió hacerlo evolucionar de una manera muy regular siguiendo ciertas leyes. Resulta, así pues, igualmente razonable suponer que también hay leyes que gobiernan el estado inicial.

Es muy difícil construir una única teoría capaz de describir todo el universo. En vez de ello, nos vemos forzados, de momento, a dividir el problema en varias partes, inventando un cierto número de teorías parciales. Cada una de estas teorías parciales describe y predice una cierta clase restringida de observaciones, despreciando los efectos de otras cantidades, o representando éstas por simples conjuntos de números. Puede ocurrir que esta aproximación sea completamente errónea. Si todo en el universo depende de absolutamente todo el resto de él de una manera fundamental, podría resultar imposible acercarse a una solución completa investigando partes aisladas del problema. Sin embargo, este es ciertamente el modo en que hemos progresado en el pasado. El ejemplo clásico es de nuevo la teoría de la gravedad de Newton, la cual nos dice que la fuerza gravitacional entre dos cuerpos depende únicamente de un número asociado a cada cuerpo, su masa, siendo por lo demás independiente del tipo de sustancia que forma el cuerpo. Así, no se necesita tener una teoría de la estructura y constitución del Sol y los planetas para poder determinar sus órbitas.

Los científicos actuales describen el universo a través de dos teorías parciales fundamentales: la teoría de la relatividad general y la mecánica cuántica. Ellas constituyen el gran logro intelectual de la primera mitad de este siglo. La teoría de la relatividad general describe la fuerza de la gravedad y la estructura a gran escala del universo, es decir, la estructura a escalas que van desde sólo unos pocos kilómetros hasta un billón de billones (un 1 con veinticuatro ceros detrás) de kilómetros, el tamaño del universo observable. La mecánica cuántica, por el contrario, se ocupa de los fenómenos a escalas extremadamente pequeñas, tales como una billonésima de centímetro. Desafortunadamente, sin embargo, se sabe que estas dos teorías son inconsistentes entre sí: ambas no pueden ser correctas a la vez. Uno de los mayores esfuerzos de la física actual, y el tema principal de este libro, es la búsqueda de una nueva teoría que incorpore a las dos anteriores: una teoría cuántica de la gravedad. Aún no se dispone de tal teoría, y para ello todavía puede quedar un largo camino por recorrer, pero sí se conocen muchas de las propiedades que debe poseer. En capítulos posteriores veremos que ya se sabe relativamente bastante acerca de las predicciones que debe hacer una teoría cuántica de la gravedad.

Si se admite entonces que el universo no es arbitrario, sino que está gobernado por ciertas leyes bien definidas, habrá que combinar al final las teorías parciales en una teoría unificada completa que describirá todos los fenómenos del universo. Existe, no obstante, una paradoja fundamental en nuestra búsqueda de esta teoría unificada completa. Las ideas anteriormente perfiladas sobre las teorías científicas suponen que somos seres racionales, libres para observar el universo como nos plazca y para extraer deducciones lógicas de lo que veamos. En tal esquema parece razonable suponer que podríamos continuar progresando indefinidamente, acercándonos cada vez más a las leyes que gobiernan el universo. Pero si realmente existiera una teoría unificada completa, ésta también determinaría presumiblemente nuestras acciones. ¡Así la teoría misma determinaría el resultado de nuestra búsqueda de ella! ¿Y por qué razón debería determinar que llegáramos a las verdaderas conclusiones a partir de la evidencia que nos presenta? ¿Es que no podría determinar igualmente bien que extrajéramos conclusiones erróneas? ¿O incluso que no extrajéramos ninguna conclusión en absoluto?

La única respuesta que puedo dar a este problema se basa en el principio de la selección natural de Darwin. La idea estriba en que en cualquier población de organismos autorreproductores, habrá variaciones tanto en el material genético como en la educación de los diferentes individuos. Estas diferencias supondrán que algunos individuos sean más capaces que otros para extraer las conclusiones correctas acerca del mundo que nos rodea, y para actuar de acuerdo con ellas. Dichos individuos tendrán más posibilidades de sobrevivir y reproducirse, de forma que su esquema mental y de conducta acabará imponiéndose. En el pasado ha sido cierto que lo que llamamos inteligencia y descubrimiento científico han supuesto una ventaja en el aspecto de la supervivencia. No es totalmente evidente que esto tenga que seguir siendo así: nuestros descubrimientos científicos podrían destruirnos a todos perfectamente, e, incluso si no lo hacen, una teoría unificada completa no tiene por qué suponer ningún cambio en lo concerniente a nuestras posibilidades de supervivencia. Sin embargo, dado que el universo ha evolucionado de un modo regular, podríamos esperar que las capacidades de razonamiento que la selección natural nos ha dado sigan siendo válidas en nuestra búsqueda de una teoría unificada completa, y no nos conduzcan a conclusiones erróneas.

Dado que las teorías que ya poseemos son suficientes para realizar predicciones exactas de todos los fenómenos naturales, excepto de los más extremos, nuestra búsqueda de la teoría definitiva del universo parece difícil de justificar desde un punto de vista práctico. (Es interesante señalar, sin embargo, que argumentos similares podrían haberse usado en contra de la teoría de la relatividad y de la mecánica cuántica, las cuales nos han dado la energía nuclear y la revolución de la microelectrónica.) Así pues, el descubrimiento de una teoría unificada completa puede no ayudar a la supervivencia de nuestra especie. Puede incluso no afectar a nuestro modo de vida. Pero siempre, desde el origen de la civilización, la gente no se ha contentado con ver los acontecimientos como desconectados e inexplicables. Ha buscado incesantemente un conocimiento del orden subyacente del mundo. Hoy en día, aún seguimos anhelando saber por qué estamos aquí y de dónde venimos. El profundo deseo de conocimiento de la humanidad es justificación suficiente para continuar nuestra búsqueda. Y ésta no cesará hasta que poseamos una descripción completa del universo en el que vivimos.

# Capítulo 2

# ESPACIO Y TIEMPO

Nuestras ideas actuales acerca del movimiento de los cuerpos se remontan a Galileo y Newton. Antes de ellos, se creía en las ideas de Aristóteles, quien decía que el estado natural de un cuerpo era estar en reposo y que éste sólo se movía si era empujado por una fuerza o un impulso. De ello se deducía que un cuerpo pesado debía caer más rápido que uno ligero, porque sufría una atracción mayor hacia la tierra.

La tradición aristotélica también mantenía que se podrían deducir todas las leyes que gobiernan el universo por medio del pensamiento puro: no era necesario comprobarlas por medio de la observación. Así, nadie antes de Galileo se preocupó de ver si los cuerpos con pesos diferentes caían con velocidades diferentes. Se dice que Galileo demostró que las anteriores ideas de Aristóteles eran falsas dejando caer diferentes pesos desde la torre inclinada de Pisa. Es casi seguro que esta historia no es cierta, aunque lo que sí hizo Galileo fue algo equivalente: dejó caer bolas de distintos pesos a lo largo de un plano inclinado. La situación es muy similar a la de los cuerpos pesados que caen verticalmente, pero es más fácil de observar porque las velocidades son menores. Las mediciones de Galileo indicaron que cada cuerpo aumentaba su velocidad al mismo ritmo, independientemente de su peso. Por ejemplo, si se suelta una bola en una pendiente que desciende un metro por cada diez metros de recorrido, la bola caerá por la pendiente con una velocidad de un metro por segundo después de un segundo, de dos metros por segundo después de dos segundos, y así sucesivamente, sin importar lo pesada que sea la bola. Por supuesto que una bola de plomo caerá más rápida que una pluma, pero ello se debe únicamente a que la pluma es frenada por la resistencia del aire. Si uno soltara dos cuerpos que no presentasen demasiada resistencia al aire, tales como dos pesos diferentes de plomo, caerían con la misma rapidez.

Las mediciones de Galileo sirvieron de base a Newton para la obtención de sus leyes del movimiento. En los experimentos de Galileo, cuando un cuerpo caía rodando, siempre actuaba sobre él la misma fuerza (su peso) y el efecto que se producía consistía en acelerarlo de forma constante. Esto demostraba que el efecto real de una fuerza era el de cambiar la velocidad del cuerpo, en vez de simplemente ponerlo en movimiento, como se pensaba anteriormente. Ello también significaba que siempre que sobre un cuerpo no actuara ninguna fuerza, éste se mantendría moviéndose en una línea recta con la misma velocidad. Esta idea fue formulada explícitamente por primera vez en los *Principia Mathematica* de Newton, publicados en 1687, y se conoce como primera ley de Newton. Lo que le sucede a un cuerpo cuando sobre él actúa una fuerza está recogido en la segunda ley de Newton. Ésta afirma que el cuerpo se acelerará, o cambiará su velocidad, a un ritmo proporcional a la fuerza. (Por ejemplo, la aceleración se duplicará cuando la fuerza aplicada sea doble.) Al mismo tiempo, la aceleración disminuirá cuando aumente la masa (o la cantidad de materia) del cuerpo. (La misma fuerza actuando sobre un cuerpo de doble masa que otro, producirá la mitad de aceleración en el primero que en el segundo.) Un ejemplo familiar lo tenemos en un coche: cuanto más potente sea su motor mayor aceleración poseerá, pero cuanto más pesado sea el coche menor aceleración tendrá con el mismo motor.

Además de las leyes del movimiento, Newton descubrió una ley que describía la fuerza de la gravedad, una ley que nos dice que todo cuerpo atrae a todos los demás cuerpos con una fuerza proporcional a la masa de cada uno de ellos. Así, la fuerza entre dos cuerpos se duplicará si uno de ellos (digamos, el cuerpo A) dobla su masa. Esto es lo que razonablemente se podría esperar, ya que uno puede suponer al nuevo cuerpo A formado por dos cuerpos, cada uno de ellos con la masa original. Cada uno de estos cuerpos atraerá al cuerpo B con la fuerza original. Por lo tanto, la fuerza total entre A y B será justo el doble que la fuerza original. Y si, por ejemplo, uno de los cuerpos tuviera una masa doble de la original y el otro cuerpo una masa tres veces mayor que al principio, la fuerza entre ellos sería seis veces más intensa que la original. Se puede ver ahora por qué todos los cuerpos caen con la misma rapidez: un cuerpo que tenga doble peso sufrirá una fuerza gravitatoria doble, pero al mismo tiempo tendrá una masa doble. De acuerdo con la segunda ley de Newton, estos dos efectos se cancelarán exactamente y la aceleración será la misma en ambos casos.

La ley de la gravedad de Newton nos dice también que cuanto más separados estén los cuerpos menor será la fuerza gravitatoria entre ellos. La ley de la gravedad de Newton establece que la atracción gravitatoria producida por una estrella a una cierta distancia es exactamente la cuarta parte de la que produciría una estrella similar a la mitad de distancia. Esta ley predice con gran precisión las órbitas de la Tierra, la Luna y los planetas. Si la ley fuera que la atracción gravitatoria de una estrella decayera más rápidamente con la distancia, las órbitas de los planetas no serían elípticas, sino que éstos irían cayendo en espiral hacia el Sol. Si, por el contrario, la atracción gravitatoria decayera más lentamente, las fuerzas gravitatorias debidas a las estrellas lejanas dominarían frente a la atracción de la Tierra.

La diferencia fundamental entre las ideas de Aristóteles y las de Galileo y Newton estriba en que Aristóteles creía en un estado preferente de reposo, en el que todas las cosas subyacerían, a menos que fueran empujadas por una fuerza o impulso. En particular, él creyó que la Tierra estaba en reposo. Por el contrario, de las leyes de Newton se desprende que no existe un único estándar de reposo. Se puede suponer igualmente o que el cuerpo A está en reposo y el cuerpo B se mueve a velocidad constante con respecto de A, o que el B está en reposo y es el cuerpo A el que se mueve. Por ejemplo, si uno se olvida de momento de la rotación de la Tierra y de su órbita alrededor del Sol, se puede decir que la Tierra está en reposo y que un tren sobre ella está viajando hacia el norte a ciento cuarenta kilómetros por hora, o se puede decir igualmente que el tren está en reposo y que la Tierra se mueve hacia el sur a ciento cuarenta kilómetros por hora. Si se realizaran experimentos en el tren con objetos que se movieran, comprobaríamos que todas las leyes de Newton seguirían siendo válidas. Por ejemplo, al jugar al ping-pong en el tren, uno encontraría que la pelota obedece las leyes de Newton exactamente igual a como lo haría en una mesa situada junto a la vía. Por lo tanto, no hay forma de distinguir si es el tren o es la Tierra lo que se mueve.

La falta de un estándar absoluto de reposo significaba que no se podía determinar si dos acontecimientos que ocurrieran en tiempos diferentes habían tenido lugar en la misma posición espacial. Por ejemplo, supongamos que en el tren nuestra bola de ping-pong está botando, moviéndose verticalmente hacia arriba y hacia abajo y golpeando la mesa dos veces en el mismo lugar con un intervalo de un segundo. Para un observador situado junto a la vía, los dos botes parecerán tener lugar con una separación de unos cuarenta metros, ya que el tren habrá recorrido esa distancia entre los dos botes. Así pues la no existencia de un reposo absoluto significa que no se puede asociar una posición absoluta en el espacio con un suceso, como Aristóteles había creído. Las posiciones de los sucesos y la distancia entre ellos serán diferentes para una persona en el tren y para otra que esté al lado de la vía, y no existe razón para preferir el punto de vista de una de las personas frente al de la otra.

Newton estuvo muy preocupado por esta falta de una posición absoluta, o espacio absoluto, como se le llamaba, porque no concordaba con su idea de un Dios absoluto. De hecho, rehusó aceptar la no existencia de un espacio absoluto, a pesar incluso de que estaba implicada por sus propias leyes. Fue duramente criticado por mucha gente debido a esta creencia irracional, destacando sobre todo la crítica del obispo Berkeley, un filósofo que creía que todos los objetos materiales, junto con el espacio y el tiempo, eran una ilusión. Cuando el famoso Dr. Johnson se enteró de la opinión de Berkeley gritó «¡Lo rebato así!» y golpeó con la punta del pie una gran piedra.

Tanto Aristóteles como Newton creían en el tiempo absoluto. Es decir, ambos pensaban que se podía afirmar inequívocamente la posibilidad de medir el intervalo de tiempo entre dos sucesos sin ambigüedad, y que dicho intervalo sería el mismo para todos los que lo midieran, con tal que usaran un buen reloj. El tiempo estaba totalmente separado y era independiente del espacio. Esto es, de hecho, lo que la mayoría de la gente consideraría como de sentido común. Sin embargo, hemos tenido que cambiar nuestras ideas acerca del espacio y del tiempo. Aunque nuestras nociones de lo que parece ser el sentido común funcionan bien cuando se usan en el estudio del movimiento de las cosas, tales como manzanas o planetas, que viajan relativamente lentas, no funcionan, en absoluto, cuando se aplican a cosas que se mueven con o cerca de la velocidad de la luz.

El hecho de que la luz viaja a una velocidad finita, aunque muy elevada, fue descubierto en 1676 por el astrónomo danés Ole Christensen Roemer. Él observó que los tiempos en los que las lunas de Júpiter parecían pasar por detrás de éste no estaban regularmente espaciados, como sería de esperar si las lunas giraran alrededor de Júpiter con un ritmo constante. Dado que la Tierra y Júpiter giran alrededor del Sol, la distancia entre ambos varía. Roemer notó que los eclipses de las lunas de Júpiter parecen ocurrir tanto más tarde cuanto más distantes de Júpiter estamos. Argumentó que se debía a que la luz proveniente de las lunas tardaba más en llegar a nosotros cuanto más lejos estábamos de ellas. Sus medidas sobre las variaciones de las distancias de la Tierra a Júpiter no eran, sin embargo, demasiado buenas, y así estimó un valor para la velocidad de la luz de 225.000 kilómetros por segundo, comparado con el valor moderno de 300.000 kilómetros por segundo. No obstante, no sólo el logro de Roemer de probar que la luz viaja a una velocidad finita, sino también de medir esa velocidad, fue notable, sobre todo teniendo en cuenta que esto ocurría once años antes de que Newton publicara los *Principia Mathematica.*

Una verdadera teoría de la propagación de la luz no surgió hasta 1865, en que el físico británico James Clerk Maxwell consiguió unificar con éxito las teorías parciales que hasta entonces se habían usado para definir las fuerzas de la electricidad y el magnetismo. Las ecuaciones de Maxwell predecían que podían existir perturbaciones de carácter ondulatorio del campo electromagnético combinado, y que éstas viajarían a velocidad constante, como las olas de una balsa. Si tales ondas poseen una longitud de onda (la distancia entre una cresta de onda y la siguiente) de un metro o más, constituyen lo que hoy en día llamamos ondas de radio. Aquellas con longitudes de onda menores se llaman microondas (unos pocos centímetros) o infrarrojas (más de una diezmilésima de centímetro). La luz visible tiene sólo una longitud de onda de entre cuarenta y ochenta millonésimas de centímetro. Las ondas con todavía menores longitudes se conocen como radiación ultravioleta, rayos X y rayos gamma.

La teoría de Maxwell predecía que tanto las ondas de radio como las luminosas deberían viajar a una velocidad fija determinada. La teoría de Newton se había desprendido, sin embargo, de un sistema de referencia absoluto, de tal forma que si se suponía que la luz viajaba a una cierta velocidad fija, había que especificar con respecto a qué sistema de referencia se medía dicha velocidad. Para que esto tuviera sentido, se sugirió la existencia de una sustancia llamada «éter» que estaba presente en todas partes, incluso en el espacio «vacío». Las ondas de luz debían viajar a través del éter al igual que las ondas de sonido lo hacen a través del aire, y sus velocidades deberían ser, por lo tanto, relativas al éter. Diferentes observadores, que se movieran con relación al éter, verían acercarse la luz con velocidades distintas, pero la velocidad de la luz con respecto al éter permanecería fija. En particular, dado que la Tierra se movía a través del éter en su órbita alrededor del Sol, la velocidad de la luz medida en la dirección del movimiento de la Tierra a través del éter (cuando nos estuviéramos moviendo hacia la fuente luminosa) debería ser mayor que la velocidad de la luz en la dirección perpendicular a ese movimiento (cuando no nos estuviéramos moviendo hacia la fuente). En 1887, Albert Michelson (quien más tarde fue el primer norteamericano que recibió el premio Nobel de física) y Edward Morley llevaron a cabo un muy esmerado experimento en la Case School of Applied Science, de Cleveland. Ellos compararon la velocidad de la luz en la dirección del movimiento de la Tierra, con la velocidad de la luz en la dirección perpendicular a dicho movimiento. Para su sorpresa, ¡encontraron que ambas velocidades eran exactamente iguales!

Entre 1887 y 1905, hubo diversos intentos, los más importantes debidos al físico holandés Hendrik Lorentz, de explicar el resultado del experimento de Michelson-Morley en términos de contracción de los objetos o de retardo de los relojes cuando éstos se mueven a través del éter. Sin embargo, en 1905, en un famoso artículo Albert Einstein, hasta entonces un desconocido empleado de la oficina de patentes de Suiza, señaló que la idea del éter era totalmente innecesaria, con tal que se estuviera dispuesto a abandonar la idea de un tiempo absoluto. Una proposición similar fue realizada unas semanas después por un destacado matemático francés, Henri Poincaré. Los argumentos de Einstein tenían un carácter más físico que los de Poincaré, que había estudiado el problema desde un punto de vista puramente matemático. A Einstein se le reconoce como el creador de la nueva teoría, mientras que a Poincaré se le recuerda por haber dado su nombre a una parte importante de la teoría.

El postulado fundamental de la teoría de la relatividad, nombre de esta nueva teoría, era que las leyes de la ciencia deberían ser las mismas para todos los observadores en movimiento libre, independientemente de cual fuera su velocidad. Esto ya era cierto para las leyes de Newton, pero ahora se extendía la idea para incluir también la teoría de Maxwell y la velocidad de la luz: todos los observadores deberían medir la misma velocidad de la luz sin importar la rapidez con la que se estuvieran moviendo. Esta idea tan simple tiene algunas consecuencias extraordinarias. Quizás las más conocidas sean la equivalencia entre masa y energía, resumida en la famosa ecuación de Einstein $E=mc^2$ (en donde $E$ es la energía, $m$, la masa y $c$, la velocidad de la luz), y la ley de que ningún objeto puede viajar a una velocidad mayor que la de la luz. Debido a la equivalencia entre energía y masa, la energía que un objeto adquiere debido a su movimiento se añadirá a su masa, incrementándola. En otras palabras, cuanto mayor sea la velocidad de un objeto más difícil será aumentar su velocidad. Este efecto sólo es realmente significativo para objetos que se muevan a velocidades cercanas a la de la luz. Por ejemplo, a una velocidad de un 10 por 100 de la de la luz la masa de un objeto es sólo un 0,5 por 100 mayor de la normal, mientras que a un 90 por 100 de la velocidad de la luz la masa sería de más del doble de la normal. Cuando la velocidad de un objeto se aproxima a la velocidad de la luz, su masa aumenta cada vez más rápidamente, de forma que cuesta cada vez más y más energía acelerar el objeto un poco más. De hecho no puede alcanzar nunca la velocidad de la luz, porque entonces su masa habría llegado a ser infinita, y por la equivalencia entre masa y energía, habría costado una cantidad infinita de energía el poner al objeto en ese estado. Por esta razón, cualquier objeto normal está confinado por la relatividad a moverse siempre a velocidades menores que la de la luz. Sólo la luz, u otras ondas que no posean masa intrínseca, puede moverse a la velocidad de la luz.

Otra consecuencia igualmente notable de la relatividad es el modo en que ha revolucionado nuestras ideas acerca del espacio y del tiempo. En la teoría de Newton, si un pulso de luz es enviado de un lugar a otro, observadores diferentes estarían de acuerdo en el tiempo que duró el viaje (ya que el tiempo es un concepto absoluto), pero no siempre estarían de acuerdo en la distancia recorrida por la luz (ya que el espacio no es un concepto absoluto). Dado que la velocidad de la luz es simplemente la distancia recorrida dividida por el tiempo empleado, observadores diferentes medirán velocidades de la luz diferentes. En relatividad, por el contrario, todos los observadores *deben* estar de acuerdo en lo rápido que viaja la luz. Ellos continuarán, no obstante, sin estar de acuerdo en la distancia recorrida por la luz, por lo que ahora ellos también deberán discrepar en el tiempo empleado. (El tiempo empleado es, después de todo, igual al espacio recorrido, sobre el que los observadores no están de acuerdo, dividido por la velocidad de la luz, sobre la que los observadores sí están de acuerdo.) En otras palabras, ¡la teoría de la relatividad acabó con la idea de un tiempo absoluto! Cada observador debe tener su propia medida del tiempo, que es la que registraría un reloj que se mueve junto a él, y relojes idénticos moviéndose con observadores diferentes no tendrían por qué coincidir.

Cada observador podría usar un radar para así saber dónde y cuándo ocurrió cualquier suceso, mediante el envío de un pulso de luz o de ondas de radio. Parte del pulso se reflejará de vuelta en el suceso y el observador medirá el tiempo que transcurre hasta recibir el eco. Se dice que el tiempo del suceso es el tiempo medio entre el instante de emisión del pulso y el de recibimiento del eco. La distancia del suceso es igual a la mitad del tiempo transcurrido en el viaje completo de ida y vuelta, multiplicado por la velocidad de la luz. (Un suceso, en este sentido, es algo que tiene lugar en un punto específico del espacio y en un determinado instante de tiempo.) Esta idea se muestra en la figura 2.1, que representa un ejemplo de un diagrama espacio-tiempo. Usando el procedimiento anterior, observadores en movimiento relativo entre sí asignarán tiempos y posiciones diferentes a un mismo suceso. Ninguna medida de cualquier observador particular es más correcta que la de cualquier otro observador, sino que todas son equivalentes y además están relacionadas entre sí. Cualquier observador puede calcular de forma precisa la posición y el tiempo que cualquier otro observador asignará a un determinado proceso, con tal de que sepa la velocidad relativa del otro observador.

Hoy en día, se usa este método para medir distancias con precisión, debido a que podemos medir con más exactitud tiempos que distancias. De hecho, el metro se define como la distancia recorrida por la luz en 0,000000003335640952 segundos, medidos por un reloj de cesio. (La razón por la que se elige este número en particular es porque corresponde a la definición histórica del metro, en términos de dos marcas existentes en una barra de platino concreta que se guarda en París.) Igualmente, podemos usar una nueva y más conveniente unidad de longitud llamada segundo-luz. Esta se define simplemente como la distancia que recorre la luz en un segundo. En la teoría de la relatividad, se definen hoy en día las distancias en función de tiempos y de la velocidad de la luz, de manera que se des-

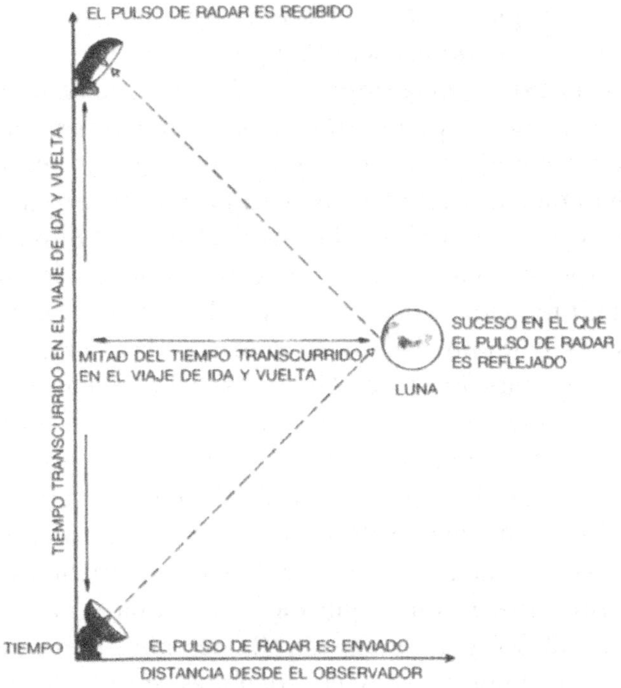


FIGURA 2.1

*El tiempo se mide verticalmente y la distancia desde el observador se mide horizontalmente. El camino del observador a través del espacio y del tiempo corresponde a la línea vertical de la izquierda. Los caminos de los rayos de luz enviados y reflejados son las líneas diagonales.*

prende que cualquier observador medirá la misma velocidad de la luz (por definición, 1 metro por 0,000000003335640952 segundos). No hay necesidad de introducir la idea de un éter, cuya presencia de cualquier manera no puede ser detectada, como mostró el experimento de Michelson-Morley. La teoría de la relatividad nos fuerza, por el contrario, a cambiar nuestros conceptos de espacio y tiempo. Debemos aceptar que el tiempo no está completamente separado e independiente del espacio, sino que por el contrario se combina con él para formar un objeto llamado espacio-tiempo.

Por la experiencia ordinaria sabemos que se puede describir la posición de un punto en el espacio por tres números o coordenadas. Por ejemplo, uno puede decir que un punto dentro de una habitación está a tres metros de una pared, a un metro de la otra y a un metro y medio sobre el suelo. O uno podría especificar que un punto está a una cierta latitud y longitud y a una cierta altura sobre el nivel del mar. Uno tiene libertad para usar cualquier conjunto válido de coordenadas, aunque su utilidad pueda ser muy limitada. Nadie especificaría la posición de la Luna en función de los kilómetros que diste al norte y al oeste de Piccadilly Circus y del número de metros que esté sobre el nivel del mar. En vez de eso, uno podría describir la posición de la Luna en función de su distancia respecto al Sol, respecto al plano que contiene a las órbitas de los planetas y al ángulo formado entre la línea que une a la Luna y al Sol, y la línea que une al Sol y a alguna estrella cercana, tal como Alfa Centauro. Ni siquiera estas coordenadas serían de gran utilidad para describir la posición del Sol en nuestra galaxia, o la de nuestra galaxia en el grupo local de galaxias. De hecho, se puede describir el universo entero en términos de una colección de pedazos solapados. En cada pedazo, se puede usar un conjunto diferente de tres coordenadas para especificar la posición de cualquier punto.

Un suceso es algo que ocurre en un punto particular del espacio y en un instante específico de tiempo. Por ello, se puede describir por medio de cuatro números o coordenadas. La elección del sistema de coordenadas es de nuevo arbitraria; uno puede usar tres coordenadas espaciales cualesquiera bien definidas y una medida del tiempo. En relatividad, no existe una distinción real entre las coordenadas espaciales y la temporal, exactamente igual a como no hay ninguna diferencia real entre dos coordenadas espaciales cualesquiera. Se podría elegir un nuevo conjunto de coordenadas en el que, digamos, la primera coordenada espacial sea una combinación de la primera y la segunda coordenadas antiguas. Por ejemplo, en vez de medir la posición de un punto sobre la Tierra en kilómetros al norte de Piccadilly, y kilómetros al oeste de Piccadilly, se podría usar kilómetros al noreste de Piccadilly y kilómetros al noroeste de Piccadilly. Similarmente, en relatividad, podría emplearse una nueva coordenada temporal que fuera igual a la coordenada temporal antigua (en segundos) más la distancia (en segundos-luz) al norte de Piccadilly.

A menudo resulta útil pensar que las cuatro coordenadas de un suceso especifican su posición en un espacio cuadridimensional llamado espacio-tiempo. Es imposible imaginar un espacio cuadridimensional. ¡Personalmente ya encuentro suficientemente difícil visualizar el espacio tridimensional! Sin embargo, resulta fácil dibujar diagramas de espacios bidimensionales, tales como la superficie de la Tierra. (La superficie terrestre es bidimensional porque la posición de un punto en ella puede ser especificada por medio de dos coordenadas, latitud y longitud.) Generalmente usaré diagramas en los que el tiempo aumenta hacia arriba y una de las dimensiones espaciales se muestra horizontalmente. Las otras dos dimensiones espaciales son ignoradas o, algunas veces, una de ellas se indica en perspectiva. (Estos diagramas, como el que aparece en la figura 2.1, se llaman de espacio-tiempo.) Por ejemplo, en la figura 2.2 el tiempo se mide hacia arriba en años y la distancia (proyectada) a lo largo de la línea que va del Sol a Alfa Centauro, se mide horizontalmente en kilómetros. Los caminos del Sol y de Alfa Centauro, a través del espacio-tiempo, se representan por las líneas verticales a la izquierda y a la derecha del diagrama. Un rayo de luz del Sol sigue la línea diagonal y tarda cuatro años en ir del Sol a Alfa Centauro.

Como hemos visto, las ecuaciones de Maxwell predecían que la velocidad de la luz debería de ser la misma cualquiera

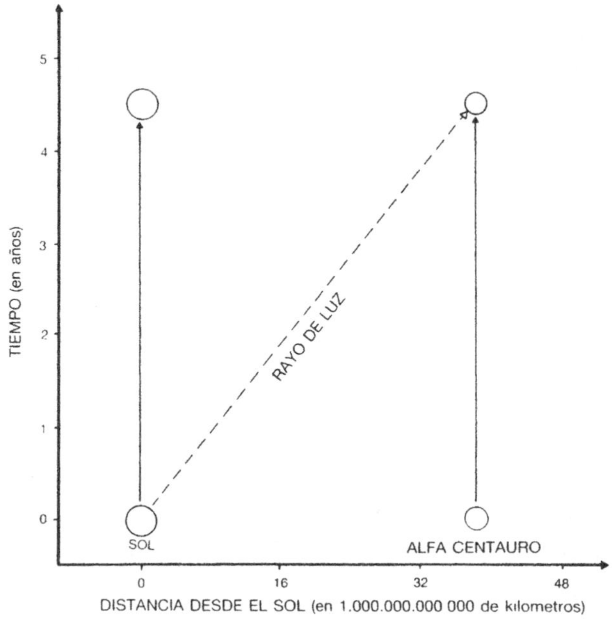


FIGURA 2.2

que fuera la velocidad de la fuente, lo que ha sido confirmado por medidas muy precisas. De ello se desprende que si un pulso de luz es emitido en un instante concreto, en un punto particular del espacio, entonces, conforme va transcurriendo el tiempo, se irá extendiendo como una esfera de luz cuyo tamaño y posición son independientes de la velocidad de la fuente. Después de una millonésima de segundo la luz se habrá esparcido formando una esfera con un radio de 300 metros; después de dos millonésimas de segundo el radio será de 600 metros, y así sucesivamente. Será como las olas que se extienden sobre la superficie de un estanque cuando se lanza una piedra. Las olas se extienden como círculos que van aumentando de tamaño conforme pasa el tiempo. Si uno imagina un modelo tridimensional consistente en la superficie bidimensional del estanque y la dimensión temporal, las olas circulares que se expanden marcarán un cono cuyo vértice estará en el lugar y tiempo en que la piedra golpeó el agua (figura 2.3). De manera similar, la luz, al expandirse desde un suceso dado, forma un cono tridimensional en el espacio-tiempo cuadridimensional. Dicho cono se conoce como el cono de luz futuro del suceso. De la misma forma, podemos dibujar otro cono, llamado el cono de luz pasado, el cual es el conjunto de sucesos desde los que un pulso de luz es capaz de alcanzar el suceso dado (figura 2.4).

Los conos de luz futuro y pasado de un suceso *P* dividen al espacio-tiempo en tres regiones (figura 2.5). El futuro absoluto del suceso es la región interior del cono de luz futuro de *P*. Es el conjunto de todos los sucesos que pueden en principio ser afectados por lo que sucede en *P*. Sucesos fuera del cono de luz de *P* no pueden ser alcanzados por señales provenientes de *P*, porque ninguna de ellas puede viajar más rápido que la luz. Estos sucesos no pueden, por tanto, ser influidos por lo que sucede en *P*. El pasado absoluto de *P* es la región interna del cono de luz pasado. Es el conjunto de todos los sucesos desde los que las señales que viajan con velocidades iguales o menores que la de la luz, pueden alcanzar *P*. Es, por consiguiente, el conjunto de todos los sucesos que en un principio pueden afectar a lo que sucede en *P*. Si se conoce lo que sucede en un instante particular en todos los lugares de la región del espacio que cae dentro del cono de luz pasado de *P*, se puede predecir lo que sucederá en *P*. El «resto» es la región del espacio-tiempo que está fuera de los conos de luz futuro y pasado de *P*. Sucesos del resto no pueden ni afectar ni ser afectados por sucesos en *P*. Por ejemplo, si el Sol cesara de alumbrar en este mismo instante, ello no afectaría a las cosas de la Tierra en el tiempo presente porque estaría en la región del resto del suceso correspondiente a apagarse el Sol (figura 2.6). Sólo nos enteraríamos

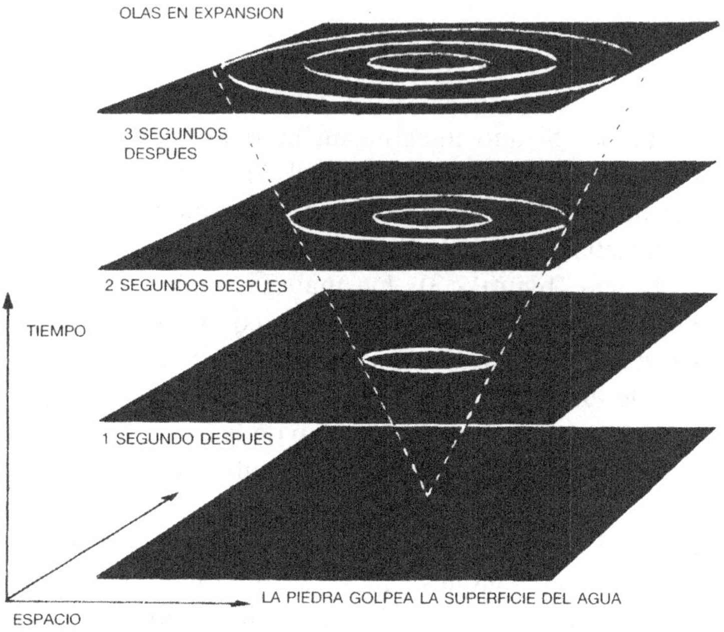


FIGURA 2.3

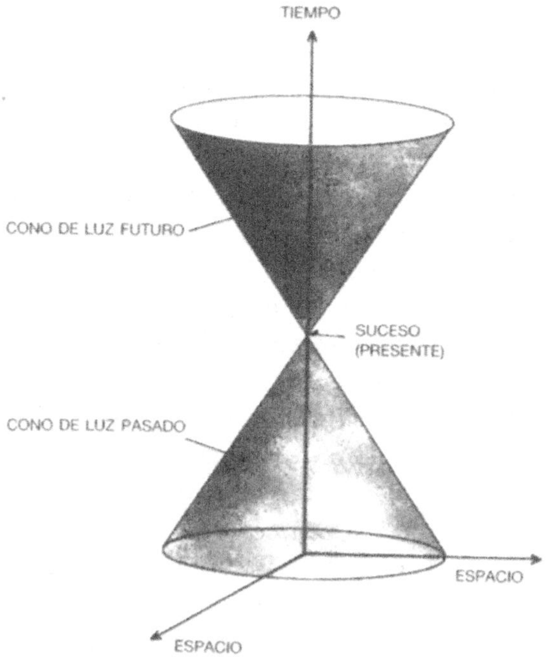


FIGURA 2.4

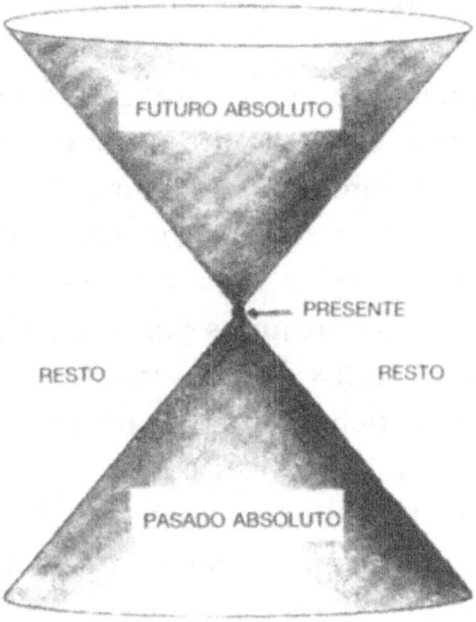


FIGURA 2.5

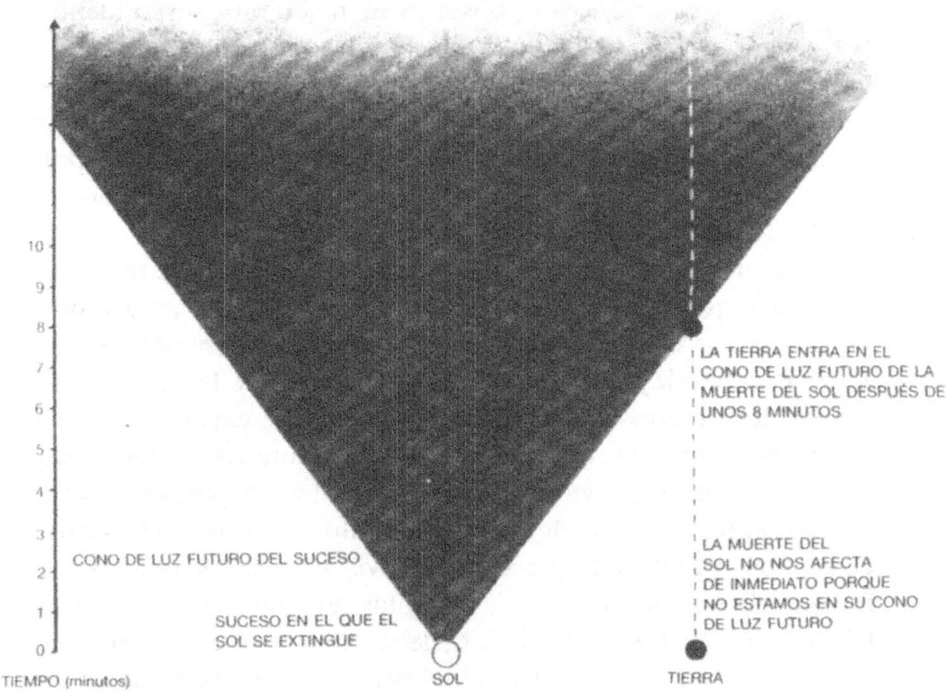


FIGURA 2.6

ocho minutos después, que es el tiempo que tarda la luz en alcanzarnos desde el Sol. Únicamente entonces estarían los sucesos de la Tierra en el cono de luz futuro del suceso en el que el Sol se apagó. De modo similar, no sabemos qué está sucediendo lejos de nosotros en el universo, en este instante: la luz que vemos de las galaxias distantes partió de ellas hace millones de años, y en el caso de los objetos más distantes observados, la luz partió hace unos ocho mil millones de años. Así, cuando miramos al universo, lo vemos tal como fue en el pasado.

Si se ignoran los efectos gravitatorios, tal y como Einstein y Poincaré hicieron en 1905, uno tiene lo que se llama la teoría de la relatividad especial. Para cada suceso en el espacio-tiempo se puede construir un cono de luz (el conjunto de todos los posibles caminos luminosos en el espacio-tiempo emitidos en ese suceso) y dado que la velocidad de la luz es la misma para cada suceso y en cada dirección, todos los conos de luz serán idénticos y estarán orientados en la misma dirección. La teoría también nos dice que nada puede viajar más rápido que la velocidad de la luz. Esto significa que el camino de cualquier objeto a través del espacio y del tiempo debe estar representado por una línea que cae dentro del cono de luz de cualquier suceso en ella (figura 2.7).

La teoría de la relatividad especial tuvo un gran éxito al explicar por qué la velocidad de la luz era la misma para todos los observadores (tal y como había mostrado el experimento de Michelson-Morley) y al describir adecuadamente lo que sucede cuando los objetos se mueven con velocidades cercanas a la de la luz. Sin embargo, la teoría era inconsistente con la teoría de la gravitación de Newton, que decía que los objetos se atraían mutuamente con una fuerza dependiente de la distancia entre ellos. Esto significaba que si uno movía uno de los objetos, la fuerza sobre el otro cambiaría instantáneamente. O en otras palabras, los efectos gravitatorios deberían viajar con velocidad infinita, en vez de con una velocidad igual o menor que la de

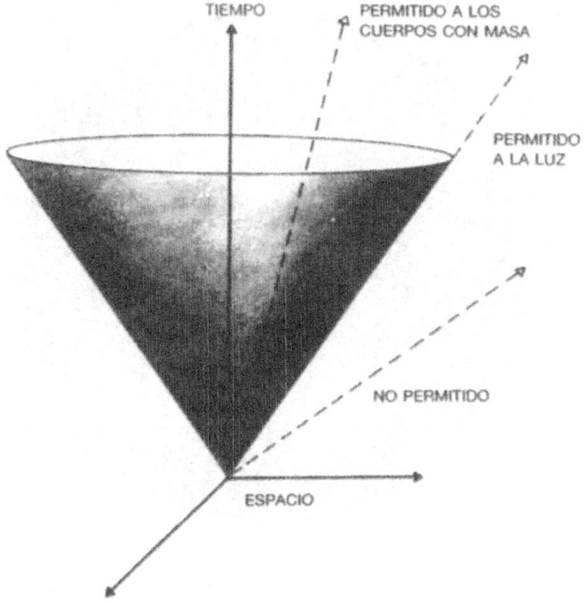


FIGURA 2.7

la luz, como la teoría de la relatividad especial requería. Einstein realizó entre 1908 y 1914 varios intentos, sin éxito, para encontrar una teoría de la gravedad que fuera consistente con la relatividad especial. Finalmente, en 1915, propuso lo que hoy en día se conoce como teoría de la relatividad general.

Einstein hizo la sugerencia revolucionaria de que la gravedad no es una fuerza como las otras, sino que es una consecuencia de que el espacio-tiempo no sea plano, como previamente se había supuesto: el espacio-tiempo está curvado, o «deformado», por la distribución de masa y energía en él presente. Los cuerpos como la Tierra no están forzados a moverse en órbitas curvas por una fuerza llamada gravedad; en vez de esto, ellos siguen la trayectoria más parecida a una línea recta en un espacio curvo, es decir, lo que se conoce como una geodésica. Una geodésica es el camino más corto (o más largo) entre dos pun-

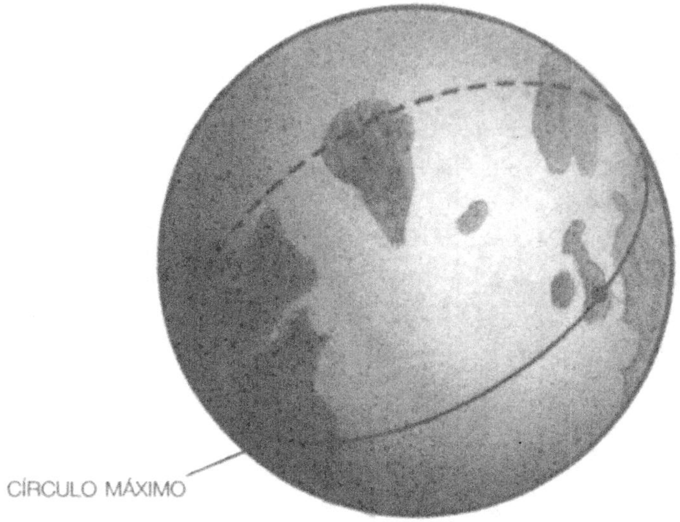


FIGURA 2.8

tos cercanos. Por ejemplo, la superficie de la Tierra es un espacio curvo bidimensional. Las geodésicas en la Tierra se llaman círculos máximos, y son el camino más corto entre dos puntos (figura 2.8). Como la geodésica es el camino más corto entre dos aeropuertos cualesquiera, el navegante de líneas aéreas le dirá al piloto que vuele a lo largo de ella. En relatividad general, los cuerpos siguen siempre líneas rectas en el espacio-tiempo cuadridimensional; sin embargo, nos parece que se mueven a lo largo de trayectorias curvadas en nuestro espacio tridimensional. (Esto es como ver a un avión volando sobre un terreno montañoso. Aunque sigue una línea recta en el espacio tridimensional, su sombra seguirá un camino curvo en el suelo bidimensional.)

La masa del Sol curva el espacio-tiempo de tal modo que, a pesar de que la Tierra sigue un camino recto en el espacio-tiempo cuadridimensional, nos parece que se mueve en una órbita circular en el espacio tridimensional. De hecho, las órbitas de los planetas predichas por la relatividad general son casi exactamente las mismas que las predichas por la teoría de la gravedad newtoniana. Sin embargo, en el caso de Mercurio, que al ser el planeta más cercano al Sol sufre los efectos gravitatorios más fuertes y que, además, tiene una órbita bastante alargada, la relatividad general predice que el eje mayor de su elipse debería rotar alrededor del Sol a un ritmo de un grado por cada diez mil años. A pesar de lo pequeño de este efecto, ya había sido observado antes de 1915 y sirvió como una de las primeras confirmaciones de la teoría de Einstein. En los últimos años, incluso las desviaciones menores de las órbitas de los otros planetas respecto de las predicciones newtonianas han sido medidas por medio del radar, encontrándose que concuerdan con las predicciones de la relatividad general.

Los rayos de luz también deben seguir geodésicas en el espacio-tiempo. De nuevo, el hecho de que el espacio-tiempo sea curvo significa que la luz ya no parece viajar en líneas rectas en el espacio. Así, la relatividad general predice que la luz debería ser desviada por los campos gravitatorios. Por ejemplo, la teoría predice que los conos de luz de puntos cercanos al Sol estarán torcidos hacia dentro, debido a la presencia de la masa del Sol. Esto quiere decir que la luz de una estrella distante, que pase cerca del Sol, será desviada un pequeño ángulo, con lo cual la estrella parecerá estar, para un observador en la Tierra, en una posición diferente a aquella en la que de hecho está (figura 2.9). Desde luego, si la luz de la estrella pasara siempre cerca del Sol, no seríamos capaces de distinguir si la luz era desviada sistemáticamente, o si, por el contrario, la estrella estaba realmente en la posición donde la vemos. Sin embargo, dado que la Tierra gira alrededor del Sol, diferentes estrellas parecen pasar por detrás del Sol y su luz es desviada. Cambian, así pues, su posición aparente con respecto a otras estrellas.

Normalmente es muy difícil apreciar este efecto, porque la luz del Sol hace imposible observar las estrellas que aparecen

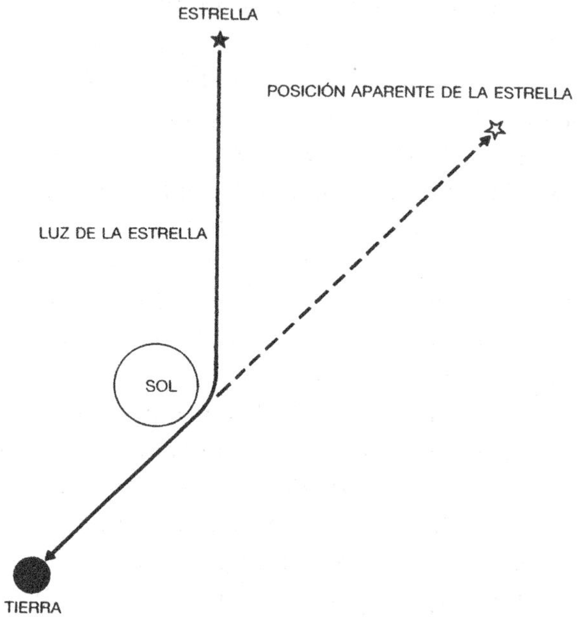


FIGURA 2.9

en el cielo cercanas a él. Sin embargo, es posible observarlo durante un eclipse solar, en el que la Luna se interpone entre la luz del Sol y la Tierra. Las predicciones de Einstein sobre las desviaciones de la luz no pudieron ser comprobadas inmediatamente, en 1915, a causa de la primera guerra mundial, y no fue posible hacerlo hasta 1919, en que una expedición británica, observando un eclipse desde África oriental, demostró que la luz era verdaderamente desviada por el Sol, justo como la teoría predecía. Esta comprobación de una teoría alemana por científicos británicos fue reconocida como un gran acto de reconciliación entre los dos países después de la guerra. Resulta irónico, que un examen posterior de las fotografías tomadas por aquella expedición mostrara que los errores cometidos eran tan grandes como el efecto que se trataba de medir. Sus medidas habían sido o un caso de suerte, o un caso de conocimiento del resultado que se quería obtener, lo que ocurre con relativa frecuencia en la ciencia. La desviación de la luz ha sido, no obstante, confirmada con precisión por numerosas observaciones posteriores.

Otra predicción de la relatividad general es que el tiempo debería transcurrir más lentamente cerca de un cuerpo de gran masa como la Tierra. Ello se debe a que hay una relación entre la energía de la luz y su frecuencia (es decir, el número de ondas de luz por segundo): cuanto mayor es la energía, mayor es la frecuencia. Cuando la luz viaja hacia arriba en el campo gravitatorio terrestre, pierde energía y, por lo tanto, su frecuencia disminuye. (Esto significa que el período de tiempo entre una cresta de la onda y la siguiente aumenta.) A alguien situado arriba le parecería que todo lo que pasara abajo, en la Tierra, transcurriría más lentamente. Esta predicción fue comprobada en 1962, usándose un par de relojes muy precisos instalados en la parte superior e inferior de un depósito de agua. Se encontró que el de abajo, que estaba más cerca de la Tierra, iba más lento, de acuerdo exactamente con la relatividad general. La diferencia entre relojes a diferentes alturas de la Tierra es, hoy en día, de considerable importancia práctica debido al uso de sistemas de navegación muy precisos, basados en señales provenientes de satélites. Si se ignoraran las predicciones de la relatividad general, ¡la posición que uno calcularía tendría un error de varios kilómetros!

Las leyes de Newton del movimiento acabaron con la idea de una posición absoluta en el espacio. La teoría de la relatividad elimina el concepto de un tiempo absoluto. Consideremos un par de gemelos. Supongamos que uno de ellos se va a vivir a la cima de una montaña, mientras que el otro permanece al nivel del mar. El primer gemelo envejecerá más rápidamente que el segundo. Así, si volvieran a encontrarse, uno sería más viejo que el otro. En este caso, la diferencia de edad sería muy pequeña, pero sería mucho mayor si uno de los gemelos se fuera de viaje en una nave espacial a una velocidad cercana a la de la luz. Cuando volviera, sería mucho más joven que el que se quedó en la Tierra. Esto se conoce como la paradoja de los gemelos, pero es sólo una paradoja si uno tiene siempre metida en la cabeza la idea de un tiempo absoluto. En la teoría de la relatividad no existe un tiempo absoluto único, sino que cada individuo posee su propia medida personal del tiempo, medida que depende de dónde está y de cómo se mueve.

Antes de 1915, se pensaba en el espacio y en el tiempo como si se tratara de un marco fijo en el que los acontecimientos tenían lugar, pero que no estaba afectado por lo que en él sucediera. Esto era cierto incluso en la teoría de la relatividad especial. Los cuerpos se movían, las fuerzas atraían y repelían, pero el tiempo y el espacio simplemente continuaban, sin ser afectados por nada. Era natural pensar que el espacio y el tiempo habían existido desde siempre.

La situación es, sin embargo, totalmente diferente en la teoría de la relatividad general. En ella, el espacio y el tiempo son cantidades dinámicas: cuando un cuerpo se mueve, o una fuerza actúa, afecta a la curvatura del espacio y del tiempo, y, en contrapartida, la estructura del espacio-tiempo afecta al modo en que los cuerpos se mueven y las fuerzas actúan. El espacio y el tiempo no sólo afectan, sino que también son afectados por todo aquello que sucede en el universo. De la misma manera que no se puede hablar acerca de los fenómenos del universo sin las nociones de espacio y tiempo, en relatividad general no tiene sentido hablar del espacio y del tiempo fuera de los límites del universo.

En las décadas siguientes al descubrimiento de la relatividad general, estos nuevos conceptos de espacio y tiempo iban a revolucionar nuestra imagen del universo. La vieja idea de un universo esencialmente inalterable que podría haber existido, y que podría continuar existiendo por siempre, fue reemplazada por el concepto de un universo dinámico, en expansión, que parecía haber comenzado hace cierto tiempo finito, y que podría acabar en un tiempo finito en el futuro. Esa revolución es el objeto del siguiente capítulo. Y años después de haber tenido lugar, sería también el punto de arranque de mi trabajo en física teórica. Roger Penrose y yo mostramos cómo la teoría de la relatividad general de Einstein implicaba que el universo debía tener un principio y, posiblemente, un final.

# Capítulo 3

# EL UNIVERSO EN EXPANSIÓN

Si se mira el cielo en una clara noche sin luna, los objetos más brillantes que uno ve son los planetas Venus, Marte, Júpiter y Saturno. También se ve un gran número de estrellas, que son como nuestro Sol, pero situadas a mucha más distancia de nosotros. Algunas de estas estrellas llamadas fijas cambian, de hecho, muy ligeramente sus posiciones con respecto a las otras estrellas, cuando la Tierra gira alrededor del Sol: ¡pero no están fijas en absoluto! Esto se debe a que están relativamente cerca de nosotros. Conforme la Tierra gira alrededor del Sol, las vemos desde diferentes posiciones frente al fondo de las estrellas más distantes. Se trata de un hecho afortunado, pues nos permite medir la distancia entre estas estrellas y nosotros: cuanto más cerca estén, más parecerán moverse. La estrella más cercana, llamada Proxima Centauri, se encuentra a unos cuatro años-luz de nosotros (la luz proveniente de ella tarda unos cuatro años en llegar a la Tierra), o a unos treinta y siete billones de kilómetros. La mayor parte del resto de las estrellas observables a simple vista se encuentran a unos pocos cientos de años-luz de nosotros. Para captar la magnitud de estas distancias, digamos que ¡nuestro Sol está a sólo ocho minutos-luz de distancia! Las estrellas se nos aparecen esparcidas por todo el cielo nocturno, aunque aparecen particularmente concentradas en una banda, que llamamos la Vía Láctea. Ya en 1750, algunos astrónomos empezaron a sugerir que la aparición de la Vía Láctea podría ser explicada por el hecho de que la mayor parte de las estrellas visibles estuvieran en una única configuración con forma de disco, un ejemplo de lo que hoy en día llamamos una galaxia espiral. Sólo unas décadas después, el astrónomo sir William Herschel confirmó esta idea a través de una ardua catalogación de las posiciones y las distancias de un gran número de estrellas. A pesar de ello, la idea sólo llegó a ganar una aceptación completa a principios de nuestro siglo.

La imagen moderna del universo se remonta tan sólo a 1924, cuando el astrónomo norteamericano Edwin Hubble demostró que nuestra galaxia no era la única. Había de hecho muchas otras, con amplias regiones de espacio vacío entre ellas. Para poder probar esto, necesitaba determinar las distancias que había hasta esas galaxias, tan lejanas que, al contrario de lo que ocurre con las estrellas cercanas, parecían estar verdaderamente fijas. Hubble se vio forzado, por lo tanto, a usar métodos indirectos para medir esas distancias. Resulta que el brillo aparente de una estrella depende de dos factores: la cantidad de luz que irradia (su luminosidad) y lo lejos que está de nosotros. Para las estrellas cercanas, podemos medir sus brillos aparentes y sus distancias, de tal forma que podemos calcular sus luminosidades. Inversamente, si conociéramos la luminosidad de las estrellas de otras galaxias, podríamos calcular sus distancias midiendo sus brillos aparentes. Hubble advirtió que ciertos tipos de estrellas, cuando están lo suficientemente cerca de nosotros como para que se pueda medir su luminosidad, tienen siempre la misma luminosidad. Por consiguiente, él argumentó que si encontráramos tales tipos de estrellas en otra galaxia, podríamos suponer que tendrían la misma luminosidad y calcular, de esta manera, la distancia a esa galaxia. Si pudiéramos hacer

FIGURA 3.1

esto para diversas estrellas en la misma galaxia, y nuestros cálculos produjeran siempre el mismo resultado, podríamos estar bastante seguros de nuestra estimación.

Edwin Hubble calculó las distancias a nueve galaxias diferentes por medio del método anterior. En la actualidad sabemos que nuestra galaxia es sólo una de entre los varios cientos de miles de millones de galaxias que pueden verse con los modernos telescopios, y que cada una de ellas contiene cientos de miles de millones de estrellas. La figura 3.1 muestra una fotografía de una galaxia espiral. Creemos que esta imagen es similar a la de nuestra galaxia si fuera vista por alguien que viviera en otra galaxia. Vivimos en una galaxia que tiene un diámetro aproximado de cien mil años luz, y que está girando lentamente. Las estrellas en los brazos de la espiral giran alrededor del centro con un período de varios cientos de millones de años.

Nuestro Sol no es más que una estrella amarilla ordinaria, de tamaño medio, situada cerca del centro de uno de los brazos de la espiral. ¡Ciertamente, hemos recorrido un largo camino desde los tiempos de Aristóteles y Ptolomeo, cuando creíamos que la Tierra era el centro del universo!

Las estrellas están tan lejos de la Tierra que nos parecen simples puntos luminosos. No podemos apreciar ni su tamaño ni su forma. ¿Cómo entonces podemos clasificar a las estrellas en distintos tipos? De la inmensa mayoría de las estrellas, sólo podemos medir una propiedad característica: el color de su luz. Newton descubrió que cuando la luz atraviesa un trozo de vidrio triangular, lo que se conoce como un prisma, la luz se divide en los diversos colores que la componen (su espectro), al igual que ocurre con el arco iris. Al enfocar con un telescopio una estrella o galaxia particular, podemos observar de modo similar el espectro de la luz proveniente de esa estrella o galaxia. Estrellas diferentes poseen espectros diferentes, pero el brillo relativo de los distintos colores es siempre exactamente igual al que se esperaría encontrar en la luz emitida por un objeto en roja incandescencia. (De hecho, la luz emitida por un objeto opaco incandescente tiene un aspecto característico que sólo depende de su temperatura, lo que se conoce como espectro térmico. Esto significa que podemos averiguar la temperatura de una estrella a partir de su espectro luminoso.) Además, se observa que ciertos colores muy específicos están ausentes de los espectros de las estrellas, y que estos colores ausentes pueden variar de una estrella a otra. Dado que sabemos que cada elemento químico absorbe un conjunto característico de colores muy específicos, se puede determinar exactamente qué elementos hay en la atmósfera de una estrella comparando los conjuntos de colores ausentes de cada elemento con el espectro de la estrella.

Cuando los astrónomos empezaron a estudiar, en los años veinte, los espectros de las estrellas de otras galaxias, encontraron un hecho tremendamente peculiar: estas estrellas poseían los mismos conjuntos característicos de colores ausentes que las estrellas de nuestra propia galaxia, pero desplazados todos ellos en la misma cantidad relativa hacia el extremo del espectro correspondiente al color rojo. Para entender las implicaciones de este descubrimiento, debemos conocer primero el efecto Doppler. Como hemos visto, la luz visible consiste en fluctuaciones, u ondas, del campo electromagnético. La frecuencia (o número de ondas por segundo) de la luz es extremadamente alta, barriendo desde cuatrocientos hasta setecientos millones de ondas por segundo. Las diferentes frecuencias de la luz son lo que el ojo humano ve como diferentes colores, correspondiendo las frecuencias más bajas al extremo rojo del espectro y las más altas, al extremo azul. Imaginemos entonces una fuente luminosa, tal como una estrella, a una distancia fija de nosotros, que emite ondas de luz con una frecuencia constante. Obviamente la frecuencia de las ondas que recibimos será la misma que la frecuencia con la que son emitidas (el campo gravitatorio de la galaxia no será lo suficientemente grande como para tener un efecto significativo). Supongamos ahora que la fuente empieza a moverse hacia nosotros. Cada vez que la fuente emita la siguiente cresta de onda, estará más cerca de nosotros, por lo que el tiempo que cada nueva cresta tarde en alcanzarnos será menor que cuando la estrella estaba estacionaria. Esto significa que el tiempo entre cada dos crestas que llegan a nosotros es más corto que antes y, por lo tanto, que el número de ondas que recibimos por segundo (es decir, la frecuencia) es mayor que cuando la estrella estaba estacionaria. Igualmente, si la fuente se aleja de nosotros, la frecuencia de las ondas que recibimos será menor que en el supuesto estacionario. Así pues, en el caso de la luz, esto significa que las estrellas que se estén alejando de nosotros tendrán sus espectros desplazados hacia el extremo rojo del espectro (corrimiento hacia el rojo) y las estrellas que se estén acercando tendrán espectros con un corrimiento hacia el azul. Esta relación entre frecuencia y velocidad, que se conoce como efecto Doppler, es una experiencia diaria. Si escuchamos un coche al pasar por la carretera notamos que, cuando se nos aproxima, su motor suena con un tono más agudo de lo normal (lo que corresponde a una frecuencia más alta de las ondas sonoras), mientras que cuando se aleja produce un sonido más grave. El comportamiento de la luz o de las ondas de radio es similar. De hecho, la policía hace uso del efecto Doppler para medir la velocidad de los coches a partir de la frecuencia de los pulsos de ondas de radio reflejados por los vehículos.

En los años que siguieron al descubrimiento de la existencia de otras galaxias, Hubble dedicó su tiempo a catalogar las distancias y a observar los espectros de las galaxias. En aquella época, la mayor parte de la gente pensaba que las galaxias se moverían de forma bastante aleatoria, por lo que se esperaba encontrar tantos espectros con corrimiento hacia el azul como hacia el rojo. Fue una sorpresa absoluta, por lo tanto, encontrar que la mayoría de las galaxias presentaban un corrimiento hacia el rojo: ¡casi todas se estaban alejando de nosotros! Incluso más sorprendente aún fue el hallazgo que Hubble publicó en 1929: ni siquiera el corrimiento de las galaxias hacia el rojo es aleatorio, sino que es directamente proporcional a la distancia que nos separa de ellas. O, dicho con otras palabras, ¡cuanto más lejos está una galaxia, a mayor velocidad se aleja de nosotros! Esto significa que el universo no puede ser estático, como todo el mundo había creído antes, sino que de hecho se está expandiendo. La distancia entre las diferentes galaxias está aumentando continuamente.

El descubrimiento de que el universo se está expandiendo ha sido una de las grandes revoluciones intelectuales del siglo XX. Visto *a posteriori*, es natural asombrarse de que a nadie se le hubiera ocurrido esto antes. Newton, y algún otro científico, debería haberse dado cuenta de que un universo estático empezaría en seguida a contraerse bajo la influencia de la gravedad. Pero supongamos que, por el contrario, el universo se expande. Si se estuviera expandiendo muy lentamente, la fuerza de la gravedad frenaría finalmente la expansión y aquél comenzaría entonces a contraerse. Sin embargo, si se expandiera más deprisa que a un cierto valor crítico, la gravedad no sería nunca lo suficientemente intensa como para detener la expansión, y el universo continuaría expandiéndose por siempre. La situación sería parecida a lo que sucede cuando se lanza un cohete hacia el espacio desde la superficie de la Tierra. Si éste tiene una velocidad relativamente baja, la gravedad acabará deteniendo el cohete, que entonces caerá de nuevo a la Tierra. Por el contrario, si el cohete posee una velocidad mayor que una cierta velocidad crítica (de unos once kilómetros por segundo) la gravedad no será lo suficientemente intensa como para hacerlo regresar, de tal forma que se mantendrá alejándose de la Tierra para siempre. Este comportamiento del universo podría haber sido predicho a partir de la teoría de la gravedad de Newton, en el siglo XIX, en el XVIII, o incluso a finales del XVII. La creencia en un universo estático era tan fuerte que persistió hasta principios del siglo XX. Incluso Einstein, cuando en 1915 formuló la teoría de la relatividad general, estaba tan seguro de que el universo tenía que ser estático que modificó la teoría para hacer que ello fuera posible, introduciendo en sus ecuaciones la llamada constante cosmológica. Einstein introdujo una nueva fuerza «antigravitatoria», que, al contrario que las otras fuerzas, no provenía de ninguna fuente en particular, sino que estaba inserta en la estructura misma del espacio-tiempo. Él sostenía que el espacio-tiempo tenía una tendencia intrínseca a expandirse, y que ésta tendría un valor que equilibraría exactamente la atracción de toda la materia en el universo, de modo que sería posible la existencia de un universo estático. Sólo un hombre estaba dispuesto, según parece, a aceptar la relatividad general al pie de la letra. Así, mientras Einstein y otros físicos buscaban modos de evitar las predicciones de la relatividad general de un universo no estático, el físico y matemático ruso Alexander Friedmann se dispuso, por el contrario, a explicarlas.

Friedmann hizo dos suposiciones muy simples sobre el universo: que el universo parece el mismo desde cualquier dirección desde la que se le observe, y que ello también sería cierto si se le observara desde cualquier otro lugar. A partir de estas dos ideas únicamente, Friedmann demostró que no se debería esperar que el universo fuera estático. De hecho, en 1922, varios años antes del descubrimiento de Edwin Hubble, ¡Friedmann predijo exactamente lo que Hubble encontró!

La suposición de que el universo parece el mismo en todas direcciones, no es cierta en la realidad. Por ejemplo, como hemos visto, las otras estrellas de nuestra galaxia forman una inconfundible banda de luz a lo largo del cielo, llamada Vía Láctea. Pero si nos concentramos en las galaxias lejanas, parece haber más o menos el mismo número de ellas en cada dirección. Así, el universo parece ser aproximadamente el mismo en cualquier dirección, con tal de que se le analice a gran escala, comparada con la distancia entre galaxias, y se ignoren las diferencias a pequeña escala. Durante mucho tiempo, esto fue justificación suficiente para la suposición de Friedmann, tomada como una aproximación grosera del mundo real. Pero recientemente, un afortunado accidente reveló que la suposición de Friedmann es de hecho una descripción extraordinariamente exacta de nuestro universo.

En 1965, dos físicos norteamericanos de los laboratorios de la Bell Telephone en Nueva Jersey, Arno Penzias y Robert Wilson, estaban probando un detector de microondas extremadamente sensible. (Las microondas son iguales a las ondas luminosas, pero con una frecuencia del orden de sólo diez mil millones de ondas por segundo.) Penzias y Wilson se sorprendieron al encontrar que su detector captaba más ruido del que esperaban. El ruido no parecía provenir de ninguna dirección en particular. Al principio descubrieron excrementos de pájaro en su detector, por lo que comprobaron todos los posibles defectos de funcionamiento, pero pronto los desecharon. Ellos sabían que cualquier ruido proveniente de dentro de la atmósfera sería menos intenso cuando el detector estuviera dirigido hacia arriba que cuando no lo estuviera, ya que los rayos luminosos atravesarían mucha más atmósfera cuando se recibieran desde cerca del horizonte que cuando se recibieran directamente desde arriba. El ruido extra era el mismo para cualquier dirección desde la que se observara, de forma que debía provenir de *fuera* de la atmósfera. El ruido era también el mismo durante el día, y durante la noche, y a lo largo de todo el año, a pesar de que la Tierra girara sobre su eje y alrededor del Sol. Esto demostró que la radiación debía provenir de más allá del sistema solar, e incluso desde más allá de nuestra galaxia, pues de lo contrario variaría cuando el movimiento de la Tierra hiciera que el detector apuntara en diferentes direcciones. De hecho, sabemos que la radiación debe haber viajado hasta nosotros a través de la mayor parte del universo observable, y dado que parece ser la misma en todas las direcciones, el universo debe también ser el mismo en todas las direcciones, por lo menos a gran escala. En la actualidad, sabemos que en cualquier dirección que miremos, el ruido nunca varía más de una parte en diez mil. Así, Penzias y Wilson tropezaron inconscientemente con una confirmación extraordinariamente precisa de la primera suposición de Friedmann.

Aproximadamente al mismo tiempo, dos físicos norteamericanos de la cercana Universidad de Princeton, Bob Dicke y Jim Peebles, también estaban interesados en las microondas. Estudiaban una sugerencia hecha por George Gamow (que había sido alumno de Alexander Friedmann) relativa a que el universo en sus primeros instantes debería haber sido muy caliente y denso, para acabar blanco incandescente. Dicke y Peebles argumentaron que aún deberíamos ser capaces de ver el resplandor de los inicios del universo, porque la luz proveniente de lugares muy distantes estaría alcanzándonos ahora. Sin embargo, la expansión del universo implicaría que esta luz debería estar tan tremendamente desplazada hacia el rojo que nos llegaría hoy en día como radiación de microondas. Cuando Dicke y Peebles estaban estudiando cómo buscar esta radiación, Penzias y Wilson se enteraron del objetivo de ese trabajo y comprendieron que ellos ya habían encontrado dicha radiación. Gracias a este trabajo, Penzias y Wilson fueron galardonados con el premio Nobel en 1978 (¡lo que parece ser bastante injusto con Dicke y Peebles, por no mencionar a Gamow!).

A primera vista, podría parecer que toda esta evidencia de que el universo parece el mismo en cualquier dirección desde la que miremos sugeriría que hay algo especial en cuanto a nuestra posición en el universo. En particular, podría pensarse que, si observamos a todas las otras galaxias alejarse de nosotros, es porque estamos en el centro del universo. Hay, sin embargo, una explicación alternativa: el universo podría ser también igual en todas las direcciones si lo observáramos desde cualquier otra galaxia. Esto, como hemos visto, fue la segunda suposición de Friedmann. No se tiene evidencia científica a favor o en contra de esta suposición. Creemos en ella sólo por razones de modestia: ¡sería extraordinariamente curioso que el universo pareciera idéntico en todas las direcciones a nuestro alrededor, y que no fuera así para otros puntos del universo! En el modelo de Friedmann, todas las galaxias se están alejando entre sí unas de otras. La situación es similar a un globo con cierto número de puntos dibujados en él, y que se va hinchando uniformemente. Conforme el globo se hincha, la distancia entre cada dos puntos aumenta, a pesar de lo cual no se puede decir que exista un punto que sea el centro de la expansión. Además, cuanto más lejos estén los puntos, se separarán con mayor velocidad. Similarmente, en el modelo de Friedmann la velocidad con la que dos galaxias cualesquiera se separan es proporcional a la distancia entre ellas. De esta forma, predecía que el corrimiento hacia el rojo de una galaxia debería ser directamente proporcional a su distancia a nosotros, exactamente lo que Hubble encontró. A pesar del éxito de su modelo y de sus predicciones de las observaciones de Hubble, el trabajo de Friedmann siguió siendo desconocido en el mundo occidental hasta que en 1935 el físico norteamericano Howard Robertson y el matemático británico Arthur Walker crearon modelos similares en respuesta al descubrimiento por Hubble de la expansión uniforme del universo.

Aunque Friedmann encontró sólo uno, existen en realidad tres tipos de modelos que obedecen a las dos suposiciones fundamentales de Friedmann. En el primer tipo (el que encontró Friedmann), el universo se expande lo suficientemente lento como para que la atracción gravitatoria entre las diferentes galaxias sea capaz de frenar y finalmente detener la expansión. Las galaxias entonces se empiezan a acercar las unas a las otras y el universo se contrae. La figura 3.2 muestra cómo cambia, conforme aumenta el tiempo, la distancia entre dos galaxias vecinas. Ésta empieza siendo igual a cero, aumenta hasta llegar a un máximo y luego disminuye hasta hacerse cero de nuevo. En el segundo tipo de solución, el universo se expande tan rápidamente que la atracción gravitatoria no puede pararlo, aunque sí que lo frena un poco. La figura 3.3 muestra la separación entre dos galaxias vecinas en este modelo. Empieza en cero y con el tiempo sigue aumentando, pues las galaxias continúan separándose con una velocidad estacionaria. Por último, existe un tercer tipo de solución, en el que el universo se está expandiendo sólo con la velocidad justa para evitar colapsarse. La separación en este caso, mostrada en la figura 3.4, también empieza en cero y continúa aumentando siempre. Sin embargo, la velocidad con la que las galaxias se están separando se hace cada vez más pequeña, aunque nunca llega a ser nula.

Una característica notable del primer tipo de modelo de

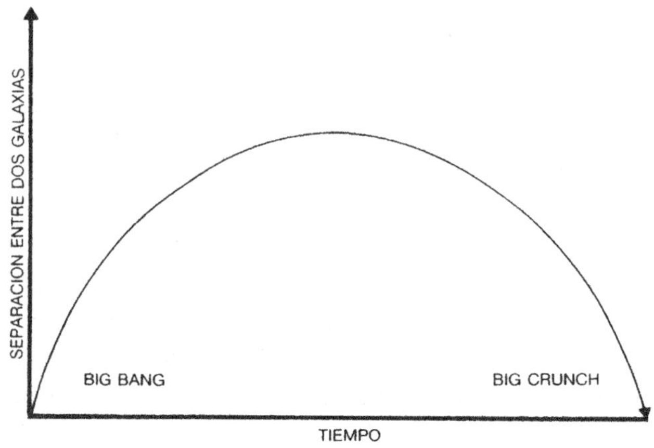


FIGURA 3.2

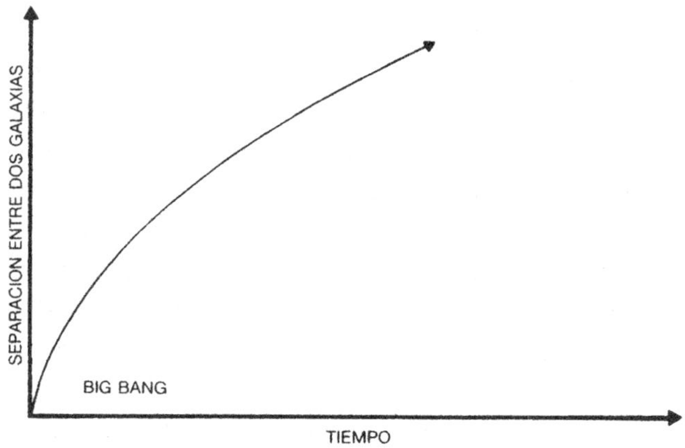


FIGURA 3.3

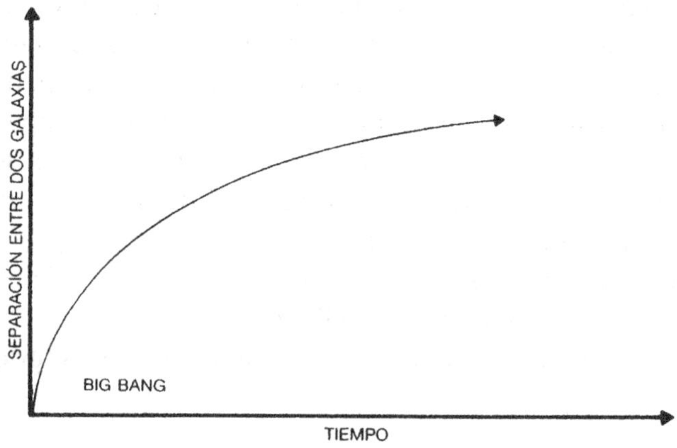

Friedmann es que, en él, el universo no es infinito en el espacio, aunque tampoco tiene ningún límite. La gravedad es tan fuerte que el espacio se curva cerrándose sobre sí mismo, resultando parecido a la superficie de la Tierra. Si uno se mantiene viajando sobre la superficie de la Tierra en una cierta dirección, nunca llega frente a una barrera infranqueable o se cae por un precipicio, sino que finalmente regresa al lugar de donde partió. En el primer modelo de Friedmann, el espacio es justo como esto, pero con tres dimensiones en vez de con dos, como ocurre con la superficie terrestre. La cuarta dimensión, el tiempo, también tiene una extensión finita, pero es como una línea con dos extremos o fronteras, un principio y un final. Se verá más adelante que cuando se combina la relatividad general con el principio de incertidumbre de la mecánica cuántica, es posible que ambos, espacio y tiempo, sean finitos, sin ningún tipo de borde o frontera.

La idea de que se podría ir en línea recta alrededor del universo y acabar donde se empezó es buena para la ciencia-ficción, pero no tiene demasiada relevancia práctica, pues puede verse que el universo se colapsaría de nuevo a tamaño cero antes de que se pudiera completar una vuelta entera. Uno tendría que viajar más rápido que la luz, lo que es imposible, para poder regresar al punto de partida antes de que el universo tuviera un final.

En el primer tipo de modelo de Friedmann, el que se expande primero y luego se colapsa, el espacio está curvado sobre sí mismo, al igual que la superficie de la Tierra. Es, por lo tanto, finito en extensión. En el segundo tipo de modelo, el que se expande por siempre, el espacio está curvado al contrario, es decir, como la superficie de una silla de montar. Así, en este caso el espacio es infinito. Finalmente, en el tercer tipo, el que posee la velocidad crítica de expansión, el espacio no está curvado (y, por lo tanto, también es infinito).

Pero, ¿cuál de los modelos de Friedmann describe a nuestro

universo? ¿Cesará alguna vez el universo su expansión y empezará a contraerse, o se expandirá por siempre? Para responder a estas cuestiones, necesitamos conocer el ritmo actual de expansión y la densidad media presente. Si la densidad es menor que un cierto valor crítico, determinado por el ritmo de expansión, la atracción gravitatoria será demasiado débil para poder detener la expansión. Si la densidad es mayor que el valor crítico, la gravedad parará la expansión en algún tiempo futuro y hará que el universo vuelva a colapsarse.

Podemos determinar el ritmo actual de expansión, midiendo a través del efecto Doppler las velocidades a las que las otras galaxias se alejan de nosotros. Esto puede hacerse con mucha precisión. Sin embargo, las distancias a las otras galaxias no se conocen bien porque sólo podemos medirlas indirectamente. Así, todo lo que sabemos es que el universo se expande entre un cinco y un diez por 100 cada mil millones de años. Sin embargo, nuestra incertidumbre con respecto a la densidad media actual del universo es incluso mayor. Si sumamos las masas de todas las estrellas, que podemos ver tanto en nuestra galaxia como en las otras galaxias, el total es menos de la centésima parte de la cantidad necesaria para detener la expansión del universo, incluso considerando la estimación más baja del ritmo de expansión. Nuestra galaxia y las otras galaxias deben contener, no obstante, una gran cantidad de «materia oscura» que no se puede ver directamente, pero que sabemos que debe existir, debido a la influencia de su atracción gravitatoria sobre las órbitas de las estrellas en las galaxias. Además, la mayoría de las galaxias se encuentran agrupadas en racimos, y podemos inferir igualmente la presencia de aún más materia oscura en los espacios intergalácticos de los racimos, debido a su efecto sobre el movimiento de las galaxias. Cuando sumamos toda esta materia oscura, obtenemos tan sólo la décima parte, aproximadamente, de la cantidad requerida para detener la expansión. No obstante, no podemos excluir la posibilidad de que pudiera existir alguna otra forma de materia, distribuida casi uniformemente a lo largo y ancho del universo, que aún no hayamos detectado y que podría elevar la densidad media del universo por encima del valor crítico necesario para detener la expansión. La evidencia presente sugiere, por lo tanto, que el universo se expandirá probablemente por siempre, pero que de lo único que podemos estar verdaderamente seguros es de que si el universo se fuera a colapsar, no lo haría como mínimo en otros diez mil millones de años, ya que se ha estado expandiendo por lo menos esa cantidad de tiempo. Esto no nos debería preocupar indebidamente: para entonces, al menos que hayamos colonizado más allá del sistema solar, ¡la humanidad hará tiempo que habrá desaparecido, extinguida junto con nuestro Sol!

Todas las soluciones de Friedmann comparten el hecho de que en algún tiempo pasado (entre diez y veinte mil millones de años) la distancia entre galaxias vecinas debe haber sido cero. En aquel instante, que llamamos *big bang*, la densidad del universo y la curvatura del espacio-tiempo habrían sido infinitas. Dado que las matemáticas no pueden manejar realmente números infinitos, esto significa que la teoría de la relatividad general (en la que se basan las soluciones de Friedmann) predice que hay un punto en el universo en donde la teoría en sí colapsa. Tal punto es un ejemplo de lo que los matemáticos llaman una singularidad. En realidad, todas nuestras teorías científicas están formuladas bajo la suposición de que el espacio-tiempo es uniforme y casi plano, de manera que ellas dejan de ser aplicables en la singularidad del *big bang*, en donde la curvatura del espacio-tiempo es infinita. Ello significa que aunque hubiera acontecimientos anteriores al *big bang*, no se podrían utilizar para determinar lo que sucedería después, ya que toda capacidad de predicción fallaría en el *big bang*. Igualmente, si, como es el caso, sólo sabemos lo que ha sucedido después del *big bang*, no podremos determinar lo que sucedió antes. Desde nuestro punto de vista, los sucesos anteriores al *big bang* no pueden tener consecuencias, por lo que no deberían formar parte de los modelos científicos del universo. Así pues, deberíamos extraerlos de cualquier modelo y decir que el tiempo tiene su principio en el *big bang*.

A mucha gente no le gusta la idea de que el tiempo tenga un principio, probablemente porque suena a intervención divina. (La Iglesia católica, por el contrario, se apropió del modelo del *big bang* y en 1951 proclamó oficialmente que estaba de acuerdo con la Biblia.) Por ello, hubo un buen número de intentos para evitar la conclusión de que había habido un *big bang*. La propuesta que consiguió un apoyo más amplio fue la llamada teoría del estado estacionario *(steady state)*. Fue sugerida, en 1948, por dos refugiados de la Austria ocupada por los nazis, Hermann Bondi y Thomas Gold, junto con un británico, Fred Hoyle, que había trabajado con ellos durante la guerra en el desarrollo del radar. La idea era que conforme las galaxias se iban alejando unas de otras, nuevas galaxias se formaban continuamente en las regiones intergalácticas, a partir de materia nueva que era creada de forma continua. El universo parecería, así pues, aproximadamente el mismo en todo tiempo y en todo punto del espacio. La teoría del estado estacionario requería una modificación de la relatividad general para permitir la creación continua de materia, pero el ritmo de creación involucrado era tan bajo (aproximadamente una partícula por kilómetro cúbico al año) que no estaba en conflicto con los experimentos. La teoría era una buena teoría científica, en el sentido descrito en el capítulo 1: era simple y realizaba predicciones concretas que podrían ser comprobadas por la observación. Una de estas predicciones era que el número de galaxias, u objetos similares en cualquier volumen dado del espacio, debería ser el mismo en donde quiera y cuando quiera que miráramos en el universo. Al final de los años cincuenta y principio de los sesenta, un grupo de astrónomos dirigido por Martin Ryle (quien también había trabajado con Bondi, Gold y Hoyle en el radar durante la guerra) realizó, en Cambridge, un estudio sobre fuentes de ondas de radio en el espacio exterior. El grupo de Cambridge demostró que la mayoría de estas fuentes de radio deben residir fuera de nuestra galaxia (muchas de ellas podían ser identificadas verdaderamente con otras galaxias), y, también, que había muchas más fuentes débiles que intensas. Interpretaron que las fuentes débiles eran las más distantes, mientras que las intensas eran las más cercanas. Entonces resultaba haber menos fuentes comunes por unidad de volumen para las fuentes cercanas que para las lejanas. Esto podría significar que estamos en una región del universo en la que las fuentes son más escasas que en el resto. Alternativamente, podría significar que las fuentes eran más numerosas en el pasado, en la época en que las ondas de radio comenzaron su viaje hacia nosotros, que ahora. Cualquier explicación contradecía las predicciones de la teoría del estado estacionario. Además, el descubrimiento de la radiación de microondas por Penzias y Wilson en 1965 también indicó que el universo debe haber sido mucho más denso en el pasado. La teoría del estado estacionario tenía, por lo tanto, que ser abandonada.

Otro intento de evitar la conclusión de que debe haber habido un *big bang* y, por lo tanto, un principio del tiempo, fue realizado por dos científicos rusos, Evgenii Lifshitz e Isaac Khalatnikov, en 1963. Ellos sugirieron que el *big bang* podría ser, únicamente, una peculiaridad de los modelos de Friedmann, que después de todo no eran más que aproximaciones al universo real. Quizás, de todos los modelos que eran aproximadamente como el universo real, sólo los de Friedmann contuvieran una singularidad como la del *big bang*. En los modelos de Friedmann, todas las galaxias se están alejando directamente unas de otras, de tal modo que no es sorprendente que en algún tiempo pasado estuvieran todas juntas en el mismo lugar. En el universo real, sin embargo, las galaxias no tienen sólo un movimiento de separación de unas con respecto a otras, sino que también tienen pequeñas velocidades laterales. Así, en realidad, nunca tienen por qué haber estado todas en el mismo lugar exactamente, sino simplemente muy cerca unas de otras. Quizás entonces el universo en expansión actual no habría resultado de una singularidad como el *big bang*, sino de una fase previa en contracción. Cuando el universo se colapsó, las partículas que lo formaran podrían no haber colisionado todas entre sí, sino que se habrían entrecruzado y separado después, produciendo la expansión actual del universo. ¿Cómo podríamos entonces distinguir si el universo real ha comenzado con un *big bang* o no? Lo que Lifshitz y Khalatnikov hicieron fue estudiar modelos del universo que eran aproximadamente como los de Friedmann, pero que tenían en cuenta las irregularidades y las velocidades aleatorias de las galaxias en el universo real. Demostraron que tales modelos podrían comenzar con un *big bang*, incluso a pesar de que las galaxias ya no estuvieran separándose directamente unas de otras, pero sostuvieron que ello sólo seguía siendo posible en ciertos modelos excepcionales en los que las galaxias se movían justamente en la forma adecuada. Argumentaron que, ya que parece haber infinitamente más modelos del tipo Friedmann sin una singularidad como la del *big bang* que con una, se debería concluir que en realidad no ha existido el *big bang*. Sin embargo, más tarde se dieron cuenta de que había una clase mucho más general de modelos del tipo Friedmann que sí contenían singularidades, y en los que las galaxias no tenían que estar moviéndose de un modo especial. Así pues, retiraron su afirmación en 1970.

El trabajo de Lifshitz y Khalatnikov fue muy valioso porque demostró que el universo *podría* haber tenido una singularidad, un *big bang*, si la teoría de la relatividad general era correcta. Sin embargo, no resolvió la cuestión fundamental: ¿predice la teoría de la relatividad general que nuestro universo debería haber tenido un *big bang*, un principio del tiempo? La respuesta llegó a través de una aproximación completamente diferente, comenzada por un físico y matemático británico, Roger Penrose, en 1965. Usando el modo en que los conos de luz se comportan en la relatividad general, junto con el hecho de que la gravedad es siempre atractiva, demostró que una estrella que se colapsa bajo su propia gravedad está atrapada en una región cuya superficie se reduce con el tiempo a tamaño cero. Y, si la superficie de la región se reduce a cero, lo mismo debe ocurrir con su volumen. Toda la materia de la estrella estará comprimida en una región de volumen nulo, de tal forma que la densidad de materia y la curvatura del espacio-tiempo se harán infinitas. En otras palabras, se obtiene una singularidad contenida dentro de una región del espacio-tiempo llamada agujero negro.

A primera vista, el resultado de Penrose sólo se aplica a estrellas. No tiene nada que ver con la cuestión de si el universo entero tuvo, en el pasado, una singularidad del tipo del *big bang*. No obstante, cuando Penrose presentó su teorema, yo era un estudiante de investigación que buscaba desesperadamente un problema con el que completar la tesis doctoral. Dos años antes, se me había diagnosticado la enfermedad ALS, comúnmente conocida como enfermedad de Lou Gehrig o de las neuronas motoras, y se me había dado a entender que sólo me quedaban uno o dos años de vida. En estas circunstancias no parecía tener demasiado sentido trabajar en la tesis doctoral, pues no esperaba sobrevivir tanto tiempo. A pesar de eso, habían transcurrido dos años y no me encontraba mucho peor. De hecho, las cosas me iban bastante bien y me había prometido con una chica encantadora, Jane Wilde. Pero para poderme casar, necesitaba un trabajo, y para poderlo obtener, necesitaba el doctorado.

En 1965, leí acerca del teorema de Penrose según el cual cualquier cuerpo que sufriera un colapso gravitatorio debería finalmente formar una singularidad. Pronto comprendí que si se invirtiera la dirección del tiempo en el teorema de Penrose, de forma que el colapso se convirtiera en una expansión, las condiciones del teorema seguirían verificándose, con tal de que el universo a gran escala fuera, en la actualidad, aproximadamente como un modelo de Friedmann. El teorema de Penrose había demostrado que cualquier estrella que se colapse *debe* acabar en una singularidad. El mismo argumento con el tiempo invertido demostró que cualquier universo en expansión, del tipo de Friedmann, *debe* haber comenzado en una singularidad. Por razones técnicas, el teorema de Penrose requería que el universo fuera infinito espacialmente. Consecuentemente, sólo podía utilizarlo para probar que debería haber una singularidad si el universo se estuviera expandiendo lo suficientemente rápido como para evitar colapsarse de nuevo (ya que sólo estos modelos de Friedmann eran infinitos espacialmente).

Durante los años siguientes, me dediqué a desarrollar nuevas técnicas matemáticas para eliminar el anterior y otros diferentes requisitos técnicos de los teoremas, que probaban que las singularidades deben existir. El resultado final fue un artículo conjunto entre Penrose y yo, en 1970, que al final probó que debe haber habido una singularidad como la del *big bang*, con la única condición de que la relatividad general sea correcta y que el universo contenga tanta materia como observamos. Hubo una fuerte oposición a nuestro trabajo, por parte de los rusos, debido a su creencia marxista en el determinismo científico, y por parte de la gente que creía que la idea en sí de las singularidades era repugnante y estropeaba la belleza de la teoría de Einstein. No obstante, uno no puede discutir en contra de un teorema matemático. Así, al final, nuestro trabajo llegó a ser generalmente aceptado y, hoy en día, casi todo el mundo supone que el universo comenzó con una singularidad como la del *big bang*. Resulta por eso irónico que, al haber cambiado mis ideas, esté tratando ahora de convencer a los otros físicos de que no hubo en realidad singularidad al principio del universo. Como veremos más adelante, ésta puede desaparecer una vez que los efectos cuánticos se tienen en cuenta.

Hemos visto en este capítulo cómo, en menos de medio siglo, nuestra visión del universo, formada durante milenios, se ha transformado. El descubrimiento de Hubble de que el universo se está expandiendo, y el darnos cuenta de la insignificancia de nuestro planeta en la inmensidad del universo, fueron sólo el punto de partida. Conforme la evidencia experimental y teórica se iba acumulando, se clarificaba cada vez más que el universo debe haber tenido un principio en el tiempo, hasta que en 1970 esto fue finalmente probado por Penrose y por mí, sobre la base de la teoría de la relatividad general de Einstein. Esa prueba demostró que la relatividad general es sólo una teoría incompleta: no puede decirnos cómo empezó el universo, porque predice que todas las teorías físicas, incluida ella misma, fallan al principio del universo. No obstante, la relatividad general sólo pretende ser una teoría parcial, de forma que lo que el teorema de la singularidad realmente muestra es que debió haber habido un tiempo, muy al principio del universo, en que éste era tan pequeño que ya no se pueden ignorar los efectos de pequeña escala de la otra gran teoría parcial del siglo XX, la mecánica cuántica. Al principio de los años setenta, nos vimos forzados a girar nuestra búsqueda de un entendimiento del universo, desde nuestra teoría de lo extraordinariamente inmenso, hasta nuestra teoría de lo extraordinariamente diminuto. Esta teoría, la mecánica cuántica, se describirá a continuación, antes de volver a explicar los esfuerzos realizados para combinar las dos teorías parciales en una única teoría cuántica de la gravedad.

## Capítulo 4

# EL PRINCIPIO DE INCERTIDUMBRE

El éxito de las teorías científicas, y en particular el de la teoría de la gravedad de Newton, llevó al científico francés marqués de Laplace a argumentar, a principios del siglo XIX, que el universo era completamente determinista. Laplace sugirió que debía existir un conjunto de leyes científicas que nos permitirían predecir todo lo que sucediera en el universo, con tal de que conociéramos el estado completo del universo en un instante de tiempo. Por ejemplo, si supiéramos las posiciones y velocidades del Sol y de los planetas en un determinado momento, podríamos usar entonces las leyes de Newton para calcular el estado del sistema solar en cualquier otro instante. El determinismo parece bastante obvio en este caso, pero Laplace fue más lejos hasta suponer que había leyes similares gobernando todos los fenómenos, incluido el comportamiento humano.

La doctrina del determinismo científico fue ampliamente criticada por diversos sectores, que pensaban que infringía la libertad divina de intervenir en el mundo, pero, a pesar de ello, constituyó el paradigma de la ciencia hasta los primeros años de nuestro siglo. Una de las primeras indicaciones de que esta creencia habría de ser abandonada llegó cuando los cálculos de los científicos británicos lord Rayleigh y sir James Jeans sugirieron que un objeto o cuerpo caliente, tal como una estrella, debería irradiar energía a un ritmo infinito. De acuerdo con las leyes en las que se creía en aquel tiempo, un cuerpo caliente tendría que emitir ondas electromagnéticas (tales como ondas de radio, luz visible o rayos X) con igual intensidad a todas las frecuencias. Por ejemplo, un cuerpo caliente debería irradiar la misma cantidad de energía, tanto en ondas con frecuencias comprendidas entre uno y dos billones de ciclos por segundo, como en ondas con frecuencias comprendidas entre dos y tres billones de ciclos por segundo. Dado que el número de ciclos por segundo es ilimitado, esto significaría entonces que la energía total irradiada sería infinita.

Para evitar este resultado, obviamente ridículo, el científico alemán Max Planck sugirió en 1900 que la luz, los rayos X y otros tipos de ondas no podían ser emitidos en cantidades arbitrarias, sino sólo en ciertos paquetes que él llamó «cuantos». Además, cada uno de ellos poseía una cierta cantidad de energía que era tanto mayor cuanto más alta fuera la frecuencia de las ondas, de tal forma que para frecuencias suficientemente altas la emisión de un único cuanto requeriría más energía de la que se podía obtener. Así la radiación de altas frecuencias se reduciría, y el ritmo con el que el cuerpo perdía energía sería, por lo tanto, finito.

La hipótesis cuántica explicó muy bien la emisión de radiación por cuerpos calientes, pero sus implicaciones acerca del determinismo no fueron comprendidas hasta 1926, cuando otro científico alemán, Werner Heisenberg, formuló su famoso principio de incertidumbre. Para poder predecir la posición y la velocidad futuras de una partícula, hay que ser capaz de medir con precisión su posición y velocidad actuales. El modo obvio de hacerlo es iluminando con luz la partícula. Algunas de las ondas luminosas serán dispersadas por la partícula, lo que indicará su posición. Sin embargo, uno no podrá ser capaz de determinar la posición de la partícula con mayor precisión que la distancia entre dos crestas consecutivas de la onda luminosa, por lo que se necesita utilizar luz de muy corta longitud de onda para poder medir la posición de la partícula con precisión. Pero, según la hipótesis de Planck, no se puede usar una cantidad arbitrariamente pequeña de luz; se tiene que usar como mínimo un cuanto de luz. Este cuanto perturbará la partícula, cambiando su velocidad en una cantidad que no puede ser predicha. Además, cuanto con mayor precisión se mida la posición, menor habrá de ser la longitud de onda de la luz que se necesite y, por lo tanto, mayor será la energía del cuanto que se haya de usar. Así la velocidad de la partícula resultará fuertemente perturbada. En otras palabras, cuanto con mayor precisión se trate de medir la posición de la partícula, con menor exactitud se podrá medir su velocidad, y viceversa. Heisenberg demostró que la incertidumbre en la posición de la partícula, multiplicada por la incertidumbre en su velocidad y por la masa de la partícula, nunca puede ser más pequeña que una cierta cantidad, que se conoce como constante de Planck. Además, este límite no depende de la forma en que uno trata de medir la posición o la velocidad de la partícula, o del tipo de partícula: el principio de incertidumbre de Heisenberg es una propiedad fundamental, ineludible, del mundo.

El principio de incertidumbre tiene profundas implicaciones sobre el modo que tenemos de ver el mundo. Incluso más de cincuenta años después, éstas no han sido totalmente apreciadas por muchos filósofos, y aún son objeto de mucha controversia. El principio de incertidumbre marcó el final del sueño de Laplace de una teoría de la ciencia, un modelo del universo que sería totalmente determinista: ciertamente, ¡no se pueden predecir los acontecimientos futuros con exactitud si ni siquiera se puede medir el estado presente del universo de forma precisa! Aún podríamos suponer que existe un conjunto de leyes que determina completamente los acontecimientos para algún ser sobrenatural, que podría observar el estado presente del universo sin perturbarlo. Sin embargo, tales modelos del universo no son de demasiado interés para nosotros, ordinarios mortales. Parece mejor emplear el principio de economía conocido como «cuchilla de Occam» y eliminar todos los elementos de la teoría que no puedan ser observados. Esta aproximación llevó en 1920 a Heisenberg, Erwin Schrödinger y Paul Dirac a reformular la mecánica con una nueva teoría llamada mecánica cuántica, basada en el principio de incertidumbre. En esta teoría las partículas ya no poseen posiciones y velocidades definidas por separado, pues éstas no podrían ser observadas. En vez de ello, las partículas tienen un estado cuántico, que es una combinación de posición y velocidad.

En general, la mecánica cuántica no predice un único resultado de cada observación. En su lugar, predice un cierto número de resultados posibles y nos da las probabilidades de cada uno de ellos. Es decir, si se realizara la misma medida sobre un gran número de sistemas similares, con las mismas condiciones de partida en cada uno de ellos, se encontraría que el resultado de la medida sería A un cierto número de veces, B otro número diferente de veces, y así sucesivamente. Se podría predecir el número aproximado de veces que se obtendría el resultado A o el B, pero no se podría predecir el resultado específico de una medida concreta. Así pues, la mecánica cuántica introduce un elemento inevitable de incapacidad de predicción, una aleatoriedad en la ciencia. Einstein se opuso fuertemente a ello, a pesar del importante papel que él mismo había jugado en el desarrollo de estas ideas. Einstein recibió el premio Nobel por su contribución a la teoría cuántica. No obstante, Einstein nunca aceptó que el universo estuviera gobernado por el azar. Sus ideas al respecto están resumidas en su famosa frase «Dios no juega a los dados». La mayoría del resto de los científicos, sin embargo, aceptaron sin problemas la mecánica cuántica porque estaba perfectamente de acuerdo con los experimentos. Verdaderamente, ha sido una teoría con un éxito sobresaliente, y en ella se basan casi toda la ciencia y la tecnología modernas. Gobierna el comportamiento de los transistores y de los circuitos integrados, que son los componentes esenciales de los aparatos electrónicos, tales como televisores y ordenadores, y también es la base de la química y de la biología modernas. Las únicas áreas de las ciencias físicas en las que la mecánica cuántica aún no ha sido adecuadamente incorporada son las de la gravedad y la estructura a gran escala del universo.

Aunque la luz está formada por ondas, la hipótesis de los cuantos de Planck nos dice que en algunos aspectos se comporta como si estuviera compuesta por partículas: sólo puede ser emitida o absorbida en paquetes o cuantos. Igualmente, el principio de incertidumbre de Heisenberg implica que las partículas se comportan en algunos aspectos como ondas: no tienen una posición bien definida, sino que están «esparcidas» con una cierta distribución de probabilidad. La teoría de la mecánica cuántica está basada en una descripción matemática completamente nueva, que ya no describe al mundo real en términos de partículas y ondas; sólo las observaciones del mundo pueden ser descritas en esos términos. Existe así, por tanto, una dualidad entre ondas y partículas en la mecánica cuántica: para algunos fines es útil pensar en las partículas como ondas, mientras que para otros es mejor pensar en las ondas como partículas. Una consecuencia importante de lo anterior, es que se puede observar el fenómeno llamado de interferencia entre dos conjuntos de ondas o de partículas. Es decir, las crestas de uno de los conjuntos de ondas pueden coincidir con los valles del otro conjunto. En este caso los dos conjuntos de ondas se cancelan mutuamente, en vez de sumarse formando una onda más intensa, como se podría esperar (figura 4.1). Un ejemplo familiar de interferencia en el caso de la luz lo constituyen los colores que con frecuencia aparecen en las pompas de jabón. Éstos están

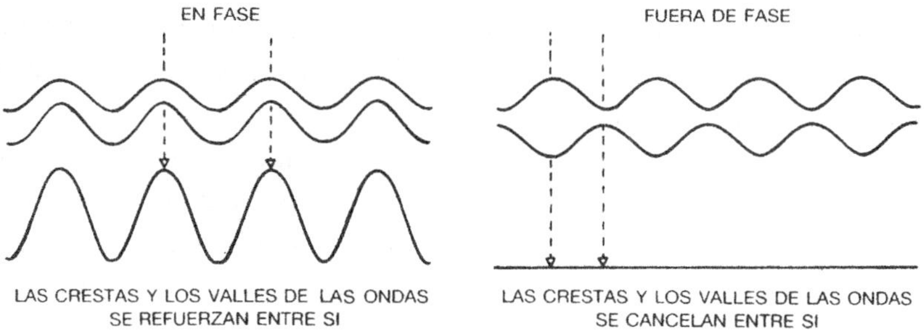


FIGURA 4.1

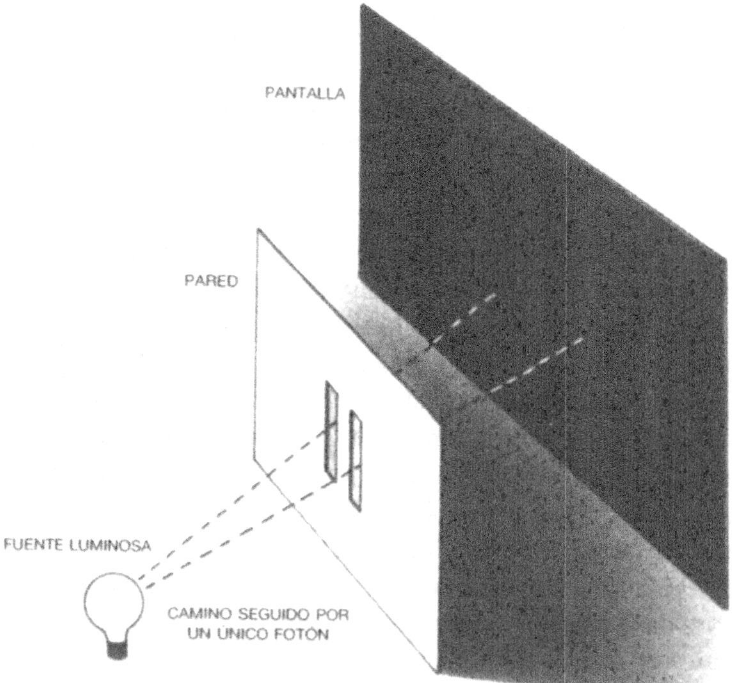


FIGURA 4.2

causados por la reflexión de la luz en las dos caras de la delgada capa de agua que forma la pompa. La luz blanca está compuesta por ondas luminosas de todas las longitudes de ondas o, lo que es lo mismo, de todos los colores. Para ciertas longitudes de onda, las crestas de las ondas reflejadas en una cara de la pompa de jabón coinciden con los valles de la onda reflejada en la otra cara. Los colores correspondientes a dichas longitudes de onda están ausentes en la luz reflejada, que por lo tanto se muestra coloreada.

La interferencia también puede producirse con partículas, debido a la dualidad introducida por la mecánica cuántica. Un ejemplo famoso es el experimento llamado de las dos rendijas (figura 4.2). Consideremos una fina pared con dos rendijas paralelas. En un lado de la pared se coloca una fuente luminosa de un determinado color, es decir, de una longitud de onda particular. La mayor parte de la luz chocará contra la pared, pero una pequeña cantidad atravesará las rendijas. Supongamos, entonces, que se sitúa una pantalla en el lado opuesto, respecto de la pared, de la fuente luminosa. Cualquier punto de la pantalla recibirá luz de las dos rendijas. Sin embargo, la distancia que tiene que viajar la luz desde la fuente a la pantalla, atravesando cada una de las rendijas, será, en general, diferente. Esto significará que las ondas provenientes de las dos rendijas no estarán en fase entre sí cuando lleguen a la pantalla: en algunos lugares las ondas se cancelarán entre sí, y en otros se reforzarán mutuamente. El resultado es un característico diagrama de franjas luminosas y oscuras.

Lo más notable es que se obtiene exactamente el mismo tipo de franjas si se reemplaza la fuente luminosa por una fuente de partículas, tales como electrones, con la misma velocidad (lo que significa que las ondas correspondientes poseen una única longitud de onda). Ello resulta muy peculiar porque, si sólo se tiene una rendija, no se obtienen franjas, sino simplemente una distribución uniforme de electrones a lo largo y ancho de la pantalla. Cabría pensar, por lo tanto, que la apertura de la otra rendija simplemente aumentaría el número de electrones que chocan en cada punto de la pantalla, pero, debido a la interferencia, este número realmente disminuye en algunos lugares. Si los electrones se envían a través de las rendijas de uno en uno, se esperaría que cada electrón pasara, o a través de una rendija, o a través de la otra, de forma que se comportaría justo igual a como si la rendija por la que pasó fuera la única que existiese, produciendo una distribución uniforme en la pantalla. En la realidad, sin embargo, aunque los electrones se envíen de uno en uno, las franjas siguen apareciendo. Así pues, ¡cada electrón deber pasar a través de las *dos* rendijas al mismo tiempo!

El fenómeno de la interferencia entre partículas ha sido crucial para la comprensión de la estructura de los átomos, las unidades básicas de la química y de la biología, y los ladrillos a partir de los cuales nosotros, y todas las cosas a nuestro alrededor, estamos formados. Al principio de este siglo se creyó que los átomos eran bastante parecidos a los planetas girando alrededor del Sol, con los electrones (partículas de electricidad negativa) girando alrededor del núcleo central, que posee electricidad positiva. Se supuso que la atracción entre la electricidad positiva y la negativa mantendría a los electrones en sus órbitas, de la misma manera que la atracción gravitatoria entre el Sol y los planetas mantiene a éstos en sus órbitas. El problema con este modelo residía en que las leyes de la mecánica y la electricidad predecían, antes de que existiera la mecánica cuántica, que los electrones perderían energía y caerían girando en espiral, hasta que colisionaran con el núcleo. Esto implicaría que el átomo, y en realidad toda la materia, debería colapsarse rápidamente a un estado de muy alta densidad. Una solución parcial a este problema la encontró el científico danés Niels Bohr en 1913. Sugirió que quizás los electrones no eran capaces de girar a cualquier distancia del núcleo central, sino sólo a ciertas distancias específicas. Si también se supusiera que sólo uno o dos electrones podían orbitar a cada una de estas distancias, se resolvería el problema del colapso del átomo, porque los electrones no podrían caer en espiral más allá de lo necesario, para llenar las órbitas correspondientes a las menores distancias y energías.

Este modelo explicó bastante bien la estructura del átomo más simple, el hidrógeno, que sólo tiene un electrón girando alrededor del núcleo. Pero no estaba claro cómo se debería extender la teoría a átomos más complicados. Además, la idea de un conjunto limitado de órbitas permitidas parecía muy arbitraria. La nueva teoría de la mecánica cuántica resolvió esta dificultad. Reveló que un electrón girando alrededor del núcleo podría imaginarse como una onda, con una longitud de onda que dependía de su velocidad. Existirían ciertas órbitas cuya longitud correspondería a un número entero (es decir, un número no fraccionario) de longitudes de onda del electrón. Para estas órbitas las crestas de las ondas estarían en la misma posición en cada giro, de manera que las ondas se sumarían: estas órbitas corresponderían a las órbitas permitidas de Bohr. Por el contrario, para órbitas cuyas longitudes no fueran un número entero de longitudes de onda, cada cresta de la onda sería finalmente cancelada por un valle, cuando el electrón pasara de nuevo; estas órbitas no estarían permitidas.

Un modo interesante de visualizar la dualidad onda-partícula es a través del método conocido como suma sobre historias posibles, inventado por el científico norteamericano Richard Feynman. En esta aproximación, la partícula se supone que no sigue una única historia o camino en el espacio-tiempo, como haría en una teoría clásica, en el sentido de no cuántica. En vez de esto, se supone que la partícula va de A a B a través de todos los caminos posibles. A cada camino se le asocia un par de números: uno representa el tamaño de una onda y el otro representa la posición en el ciclo (es decir, si se trata de una cresta o de un valle, por ejemplo). La probabilidad de ir de A a B se encuentra sumando las ondas asociadas a todos los caminos posibles. Si se compara un conjunto de caminos cercanos, en el caso general, las fases o posiciones en el ciclo diferirán enormemente. Esto significa que las ondas asociadas con estos caminos se cancelarán entre sí casi exactamente. Sin embargo, para algunos conjuntos de caminos cercanos, las fases no variarán mucho de uno a otro; las ondas de estos caminos no se cancelarán. Dichos caminos corresponden a las órbitas permitidas de Bohr.

Con estas ideas, puestas en forma matemática concreta, fue relativamente sencillo calcular las órbitas permitidas de átomos complejos e incluso de moléculas, que son conjuntos de átomos unidos por electrones, en órbitas que giran alrededor de más de un núcleo. Ya que la estructura de las moléculas, junto con las reacciones entre ellas, son el fundamento de toda la química y la biología, la mecánica cuántica nos permite, en principio, predecir casi todos los fenómenos a nuestro alrededor, dentro de los límites impuestos por el principio de incertidumbre. (En la práctica, sin embargo, los cálculos que se requieren para sistemas que contengan a más de unos pocos electrones son tan complicados que no pueden realizarse.)

La teoría de la relatividad general de Einstein parece gobernar la estructura a gran escala del universo. Es lo que se llama una teoría clásica, es decir, no tiene en cuenta el principio de incertidumbre de la mecánica cuántica, como debería hacer para ser consistente con otras teorías. La razón por la que esto no conduce a ninguna discrepancia con la observación es que todos los campos gravitatorios, que normalmente experimentamos, son muy débiles. Sin embargo, los teoremas sobre las singularidades, discutidos anteriormente, indican que el campo gravitatorio deberá ser muy intenso en, como mínimo, dos situaciones: los agujeros negros y el *big bang*. En campos así de intensos, los efectos de la mecánica cuántica tendrán que ser importantes. Así, en cierto sentido, la relatividad general clásica, al predecir puntos de densidad infinita, predice su propia caída, igual que la mecánica clásica (es decir, no cuántica) predijo su caída, al sugerir que los átomos deberían colapsarse hasta alcanzar una densidad infinita. Aún no tenemos una teoría consistente completa que unifique la relatividad general y la mecánica cuántica, pero sí que conocemos algunas de las características que debe poseer. Las consecuencias que éstas tendrían para los agujeros negros y el *big bang* se describirán en capítulos posteriores. Por el momento, sin embargo, volvamos a los intentos recientes de ensamblar las teorías parciales de las otras fuerzas de la naturaleza en una única teoría cuántica unificada.

## Capítulo 5

# LAS PARTÍCULAS ELEMENTALES Y LAS FUERZAS DE LA NATURALEZA

Aristóteles creía que toda la materia del universo estaba compuesta por cuatro elementos básicos: tierra, aire, fuego y agua. Estos elementos sufrían la acción de dos fuerzas: la gravedad o tendencia de la tierra y del agua a hundirse, y la ligereza o tendencia del aire y del fuego a ascender. Esta división de los contenidos del universo en materia y fuerzas aún se sigue usando hoy en día.

También creía Aristóteles que la materia era continua, es decir, que un pedazo de materia se podía dividir sin límite en partes cada vez más pequeñas: nunca se tropezaba uno con un grano de materia que no se pudiera continuar dividiendo. Sin embargo, unos pocos sabios griegos, como Demócrito, sostenían que la materia era inherentemente granular y que todas las cosas estaban constituidas por un gran número de diversos tipos diferentes de átomos. (La palabra átomo significa 'indivisible', en griego.) Durante siglos, la discusión continuó sin ninguna evidencia real a favor de cualesquiera de las posturas, hasta que en 1803, el químico y físico británico John Dalton señaló que el hecho de que los compuestos químicos siempre se combinaran en ciertas proporciones podía ser explicado mediante el agrupamiento de átomos para formar otras unidades llamadas moléculas. No obstante, la discusión entre las dos escuelas de pensamiento no se zanjó de modo definitivo a favor de los atomistas, hasta los primeros años de nuestro siglo. Una de las evidencias físicas más importantes fue la que proporcionó Einstein. En un artículo escrito en 1905, unas pocas semanas antes de su famoso artículo sobre la relatividad especial, Einstein señaló que el fenómeno conocido como movimiento browniano —el movimiento irregular, aleatorio de pequeñas partículas de polvo suspendidas en un líquido— podía ser explicado por el efecto de las colisiones de los átomos del líquido con las partículas de polvo.

En aquella época ya había sospechas de que los átomos no eran, después de todo, indivisibles. Hacía varios años que un *fellow* del Trinity College, de Cambridge, J. J. Thomson, había demostrado la existencia de una partícula material, llamada electrón, que tenía una masa menor que la milésima parte de la masa del átomo más ligero. Él utilizó un dispositivo parecido al tubo de un aparato de televisión: un filamento metálico incandescente soltaba los electrones, que, debido a que tienen una carga eléctrica negativa, podían ser acelerados por medio de un campo eléctrico hacia una pantalla revestida de fósforo. Cuando los electrones chocaban contra la pantalla, se generaban destellos luminosos. Pronto se comprendió que estos electrones debían provenir de los átomos en sí. Y, en 1911, el físico británico Ernest Rutherford mostró, finalmente, que los átomos de la materia tienen verdaderamente una estructura interna: están formados por un núcleo extremadamente pequeño y con carga positiva, alrededor del cual gira un cierto número de electrones. Él dedujo esto analizando el modo en que las partículas $\alpha$, que son partículas con carga positiva emitidas por átomos radioactivos, son desviadas al colisionar con los átomos.

Al principio se creyó que el núcleo del átomo estaba formado por electrones y cantidades diferentes de una partícula con carga positiva llamada protón (que proviene del griego y significa 'primero', porque se creía que era la unidad fundamental de la que estaba hecha la materia). Sin embargo, en 1932, un colega de Rutherford, James Chadwick, descubrió en Cambridge que el núcleo contenía otras partículas, llamadas neutrones, que tenían casi la misma masa que el protón, pero que no poseían carga eléctrica. Chadwick recibió el premio Nobel por este descubrimiento, y fue elegido *master* ['director'] de Gonville and Caius College, en Cambridge (el colegio del que ahora soy *fellow*). Más tarde, dimitió como *master* debido a desacuerdos con los *fellows*. Ha habido una amarga y continua disputa en el *college* desde que un grupo de jóvenes *fellows*, a su regreso después de la guerra, decidieron por votación echar a muchos de los antiguos *fellows* de los puestos que habían disfrutado durante mucho tiempo. Esto fue anterior a mi época; yo entré a formar parte del *college* en 1965, al final de la amargura, cuando desacuerdos similares habían forzado a otro *master* galardonado igualmente con el premio Nobel, sir Nevill Mott, a dimitir.

Hasta hace veinte años, se creía que los protones y los neutrones eran partículas «elementales», pero experimentos en los que colisionaban protones con otros protones o con electrones a alta velocidad indicaron que, en realidad, estaban formados por partículas más pequeñas. Estas partículas fueron llamadas *quarks* por el físico de Caltech, Murray Gell-Mann, que ganó el premio Nobel en 1969 por su trabajo sobre dichas partículas. El origen del nombre es una enigmática cita de James Joyce: «¡Tres *quarks* para Muster Mark!» La palabra *quark* se supone que debe pronunciarse como *quart* ['cuarto'], pero con una *k* al final en vez de una *t*, pero normalmente se pronuncia de manera que rima con *lark* ['juerga'].

Existe un cierto número de variedades diferentes de *quarks:*

se cree que hay como mínimo seis *flavors* ['sabores'], que llamamos *up, down, strange, charmed, bottom,* y *top* ['arriba', 'abajo', 'extraño', 'encanto', 'fondo' y 'cima']. Cada *flavor* puede tener uno de los tres posibles «colores», rojo, verde y azul. (Debe notarse que estos términos son únicamente etiquetas: los *quarks* son mucho más pequeños que la longitud de onda de la luz visible y, por lo tanto, no poseen ningún color en el sentido normal de la palabra. Se trata solamente de que los físicos modernos parecen tener unas formas más imaginativas de nombrar a las nuevas partículas y fenómenos, ¡ya no se limitan únicamente al griego!) Un protón o un neutrón están constituidos por tres *quarks*, uno de cada color. Un protón contiene dos *quarks up* y un *quark down*; un neutrón contiene dos *down* y uno *up*. Se pueden crear partículas constituidas por los otros *quarks (strange, charmed, bottom* y *top),* pero todas ellas poseen una masa mucho mayor y decaen muy rápidamente en protones y neutrones.

Actualmente sabemos que ni los átomos, ni los protones y neutrones, dentro de ellos, son indivisibles. Así la cuestión es: ¿cuáles son las verdaderas partículas elementales, los ladrillos básicos con los que todas las cosas están hechas? Dado que la longitud de onda de la luz es mucho mayor que el tamaño de un átomo, no podemos esperar «mirar» de manera normal las partes que forman un átomo. Necesitamos usar algo con una longitud de onda mucho más pequeña. Como vimos en el último capítulo, la mecánica cuántica nos dice que todas las partículas son en realidad ondas, y que cuanto mayor es la energía de una partícula, tanto menor es la longitud de onda de su onda correspondiente. Así, la mejor respuesta que se puede dar a nuestra pregunta depende de lo alta que sea la energía que podamos comunicar a las partículas, porque ésta determina lo pequeña que ha de ser la escala de longitudes a la que podemos mirar. Estas energías de las partículas se miden normalmente en una unidad llamada electrón-voltio. (En el experimento de

Thomson con electrones, se vio que él usaba un campo eléctrico para acelerarlos. La energía ganada por un electrón en un campo eléctrico de un voltio es lo que se conoce como un electrón-voltio.) En el siglo XIX, cuando las únicas energías de partículas que la gente sabía cómo usar eran las bajas energías de unos pocos electrón-voltios, generados por reacciones químicas tales como la combustión, se creía que los átomos eran la unidad más pequeña. En el experimento de Rutherford, las partículas $\alpha$ tenían energías de millones de electrón-voltios. Mas recientemente, hemos aprendido a usar los campos electromagnéticos para que nos den energías de partículas que en un principio eran de millones de electrón-voltios y que, posteriormente, son de miles de millones de electrón-voltios. De esta forma, sabemos que las partículas que se creían «elementales» hace veinte años, están, de hecho, constituidas por partículas más pequeñas. ¿Pueden ellas, conforme obtenemos energías todavía mayores, estar formadas por partículas aún más pequeñas? Esto es ciertamente posible, pero tenemos algunas razones teóricas para creer que poseemos, o estamos muy cerca de poseer, un conocimiento de los ladrillos fundamentales de la naturaleza.

Usando la dualidad onda-partículas, discutida en el último capítulo, todo en el universo, incluyendo la luz y la gravedad, puede ser descrito en términos de partículas. Estas partículas tienen una propiedad llamada espín. Un modo de imaginarse el espín es representando a las partículas como pequeñas peonzas girando sobre su eje. Sin embargo, esto puede inducir a error, porque la mecánica cuántica nos dice que las partículas no tienen ningún eje bien definido. Lo que nos dice realmente el espín de una partícula es cómo se muestra la partícula desde distintas direcciones. Una partícula de espín 0 es como un punto: parece la misma desde todas las direcciones (figura 5.1 *a*). Por el contrario, una partícula de espín 1 es como una flecha: parece diferente desde direcciones distintas (figura 5.1 *b*). Sólo si uno la gira una vuelta completa (360 grados) la partícula parece

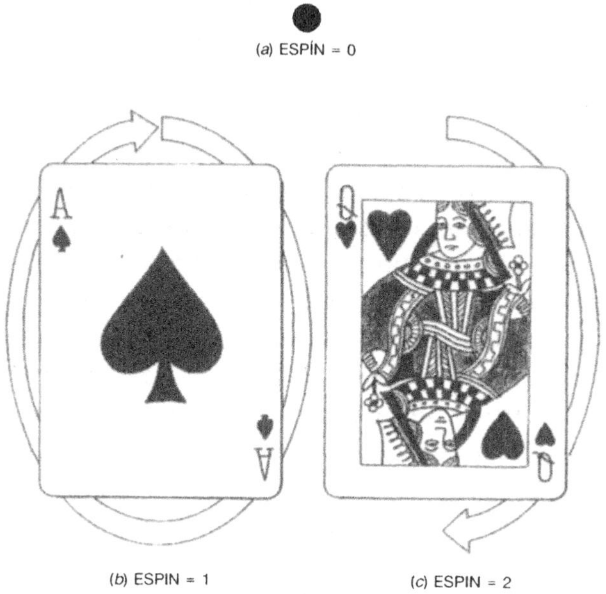


FIGURA 5.1

la misma. Una partícula de espín 2 es como una flecha con dos cabezas (figura 5.1 *c*): parece la misma si se gira media vuelta (180 grados). De forma similar, partículas de espines más altos parecen las mismas si son giradas una fracción más pequeña de una vuelta completa. Todo esto parece bastante simple, pero el hecho notable es que existen partículas que no parecen las mismas si uno las gira justo una vuelta: ¡hay que girarlas dos vueltas completas! Se dice que tales partículas poseen espín 1/2.

Todas las partículas conocidas del universo se pueden dividir en dos grupos: partículas de espín 1/2, las cuales forman la materia del universo, y partículas de espín 0, 1 y 2, las cuales, como veremos, dan lugar a las fuerzas entre las partículas materiales. Las partículas materiales obedecen a lo que se llama el principio de exclusión de Pauli. Fue descubierto en 1925 por un físico austríaco, Wolfgang Pauli, que fue galardonado con el premio Nobel en 1945 por dicha contribución. Él era el prototipo de físico teórico: se decía que incluso su sola presencia en una ciudad haría que allí los experimentos fallaran. El principio de exclusión de Pauli dice que dos partículas similares no pueden existir en el mismo estado, es decir, que no pueden tener ambas la misma posición y la misma velocidad, dentro de los límites fijados por el principio de incertidumbre. El principio de exclusión es crucial porque explica por qué las partículas materiales no colapsan a un estado de muy alta densidad, bajo la influencia de las fuerzas producidas por las partículas de espín 0, 1 y 2: si las partículas materiales están casi en la misma posición, deben tener entonces velocidades diferentes, lo que significa que no estarán en la misma posición durante mucho tiempo. Si el mundo hubiera sido creado sin el principio de exclusión, los *quarks* no formarían protones y neutrones independientes bien definidos. Ni tampoco éstos formarían, junto con los electrones, átomos independientes bien definidos. Todas las partículas se colapsarían formando una «sopa» densa, más o menos uniforme.

Un entendimiento adecuado del electrón y de las otras partículas de espín 1/2 no llegó hasta 1928, en que una teoría satisfactoria fue propuesta por Paul Dirac, quien más tarde obtuvo la cátedra *Lucasian* de Matemáticas, de Cambridge (la misma cátedra que Newton había obtenido y que ahora ocupo yo). La teoría de Dirac fue la primera que era a la vez consistente con la mecánica cuántica y con la teoría de la relatividad especial. Explicó matemáticamente por qué el electrón tenía espín 1/2, es decir, por qué no parecía lo mismo si se giraba sólo una vuelta completa, pero sí que lo hacía si se giraba dos vueltas. También predijo que el electrón debería tener una pareja: el antielectrón o positrón. El descubrimiento del positrón en 1932 confirmó la teoría de Dirac y supuso el que se le concediera el premio Nobel de física en 1933. Hoy en día sabemos que cada partícula tiene su antipartícula, con la que puede aniquilarse. (En el caso de partículas portadoras de fuerzas, las antipartículas son las partículas mismas.) Podrían existir antimundos y antipersonas enteros hechos de antipartículas. Pero, si se encuentra usted con su antiyó, ¡no le dé la mano! Ambos desaparecerían en un gran destello luminoso. La cuestión de por qué parece haber muchas más partículas que antipartículas a nuestro alrededor es extremadamente importante, y volveré a ella a lo largo de este capítulo.

En mecánica cuántica, las fuerzas o interacciones entre partículas materiales, se supone que son todas transmitidas por partículas de espín entero, 0, 1 o 2. Lo que sucede es que una partícula material, tal como un electrón o un *quark*, emite una partícula portadora de fuerza. El retroceso producido por esta emisión cambia la velocidad de la partícula material. La partícula portadora de fuerza colisiona después con otra partícula material y es absorbida. Esta colisión cambia la velocidad de la segunda partícula, justo igual a como si hubiera habido una fuerza entre las dos partículas materiales.

Una propiedad importante de las partículas portadoras de fuerza es que no obedecen el principio de exclusión. Esto significa que no existe un límite al número de partículas que se pueden intercambiar, por lo que pueden dar lugar a fuerzas muy intensas. No obstante, si las partículas portadoras de fuerza poseen una gran masa, será difícil producirlas e intercambiarlas a grandes distancias. Así las fuerzas que ellas transmiten serán de corto alcance. Se dice que las partículas portadoras de fuerza, que se intercambian entre sí las partículas materiales, son partículas virtuales porque, al contrario que las partículas «reales», no pueden ser descubiertas directamente por un detector de partículas. Sabemos que existen, no obstante, porque tienen un efecto medible: producen las fuerzas entre las partículas materiales. Las partículas de espín 0, 1 o 2 también existen en algunas circunstancias como partículas reales, y entonces pueden ser detectadas directamente. En este caso se nos muestran como lo que un físico clásico llamaría ondas, tales como ondas luminosas u ondas gravitatorias. A veces pueden ser emitidas cuando las partículas materiales interactúan entre sí, por medio de un intercambio de partículas virtuales portadoras de fuerza. (Por ejemplo, la fuerza eléctrica repulsiva entre dos electrones es debida al intercambio de fotones virtuales, que no pueden nunca ser detectados directamente; pero, cuando un electrón se cruza con otro, se pueden producir fotones reales, que detectamos como ondas luminosas.)

Las partículas portadoras de fuerza se pueden agrupar en cuatro categorías, de acuerdo con la intensidad de la fuerza que trasmiten y con el tipo de partículas con las que interactúan. Es necesario señalar que esta división en cuatro clases es una creación artificiosa del hombre; resulta conveniente para la construcción de teorías parciales, pero puede no corresponder a nada más profundo. En el fondo, la mayoría de los físicos esperan encontrar una teoría unificada que explicará las cuatro fuerzas, como aspectos diferentes de una única fuerza. En verdad, muchos dirían que éste es el objetivo principal de la física contemporánea. Recientemente, se han realizado con éxito diversos intentos de unificación de tres de las cuatro categorías de fuerza, lo que describiré en el resto de este capítulo. La cuestión de la unificación de la categoría restante, la gravedad, se dejará para más adelante.

La primera categoría es la fuerza gravitatoria. Esta fuerza es universal, en el sentido de que toda partícula la experimenta, de acuerdo con su masa o energía. La gravedad es la más débil, con diferencia, de las cuatro fuerzas; es tan débil que no la notaríamos en absoluto si no fuera por dos propiedades especiales que posee: puede actuar a grandes distancias, y es siempre atractiva. Esto significa que las muy débiles fuerzas gravitatorias entre las partículas individuales de dos cuerpos grandes, como la Tierra y el Sol, pueden sumarse todas y producir una fuerza total muy significativa. Las otras tres fuerzas o bien son de corto alcance, o bien son a veces atractivas y a veces repulsivas, de forma que tienden a cancelarse. Desde el punto de vista mecano-cuántico de considerar el campo gravitatorio, la fuerza entre dos partículas materiales se representa transmitida por una partícula de espín 2 llamada gravitón. Esta partícula no posee masa propia, por lo que la fuerza que transmite es de largo alcance. La fuerza gravitatoria entre el Sol y la Tierra se atribuye al intercambio de gravitones entre las partículas que forman estos dos cuerpos. Aunque las partículas intercambiadas son virtuales, producen ciertamente un efecto medible: ¡hacen girar a la Tierra alrededor del Sol! Los gravitones reales constituyen lo que los físicos clásicos llamarían ondas gravitatorias, que son muy débiles, y tan difíciles de detectar que aún no han sido observadas.

La siguiente categoría es la fuerza electromagnética, que interactúa con las partículas cargadas eléctricamente, como los electrones y los *quarks*, pero no con las partículas sin carga, como los gravitones. Es mucho más intensa que la fuerza gravitatoria: la fuerza electromagnética entre dos electrones es aproximadamente un millón de billones de billones de billones (un 1 con cuarenta y dos ceros detrás) de veces mayor que la fuerza gravitatoria. Sin embargo, hay dos tipos de carga eléctrica, positiva y negativa. La fuerza entre dos cargas positivas es repulsiva, al igual que la fuerza entre dos cargas negativas, pero la fuerza es atractiva entre una carga positiva y una negativa. Un cuerpo grande, como la Tierra o el Sol, contiene prácticamente el mismo número de cargas positivas y negativas. Así, las fuerzas atractiva y repulsiva entre las partículas individuales casi se cancelan entre sí, resultando una fuerza electromagnética neta muy débil. Sin embargo, a distancias pequeñas, típicas de átomos y moléculas, las fuerzas electromagnéticas dominan. La atracción electromagnética entre los electrones cargados negativamente y los protones del núcleo cargados positivamente hace que los electrones giren alrededor del núcleo del átomo, igual que la atracción gravitatoria hace que la Tierra gire alrededor del Sol. La atracción electromagnética se representa causada por el intercambio de un gran número de partículas virtuales sin masa de espín 1, llamadas fotones. De nuevo, los fotones que son intercambiados son partículas virtuales. No obstante, cuando un electrón cambia de una órbita permitida a otra más cercana al núcleo, se libera energía emitiéndose un fotón real, que puede ser observado como luz visible por el ojo humano, siempre que posea la longitud de onda adecuada, o por un detector de fotones, tal como una película fotográfica. Igualmente, si un fotón real colisiona con un átomo, puede cambiar a un electrón de una órbita cercana al núcleo a otra más lejana. Este proceso consume la energía del fotón, que, por lo tanto, es absorbido.

La tercera categoría es la llamada fuerza nuclear débil, que es la responsable de la radioactividad y que actúa sobre todas las partículas materiales de espín 1/2, pero no sobre las partículas de espín 0, 1 o 2, tales como fotones y gravitones. La fuerza nuclear débil no se comprendió bien hasta 1967, en que Abdus Salam, del Imperial College de Londres, y Steven Weinberg, de Harvard, propusieron una teoría que unificaba esta interacción con la fuerza electromagnética, de la misma manera que Maxwell había unificado la electricidad y el magnetismo unos cien años antes. Sugirieron que además del fotón había otras tres partículas de espín 1, conocidas colectivamente como bosones vectoriales masivos, que transmiten la fuerza débil. Estas partículas se conocen como $W^+$ (que se lee W más), $W^-$ (que se lee W menos) y $Z^0$ (que se lee Z cero), y cada una posee una masa de unos 100 GeV (GeV es la abreviatura de gigaelectrón-voltio, o mil millones de electrón-voltios). La teoría de Weinberg-Salam propone una propiedad conocida como ruptura de simetría espontánea. Esto quiere decir que lo que, a bajas energías, parece ser un cierto número de partículas totalmente diferentes es, en realidad, el mismo tipo de partícula, sólo que en estados diferentes. A altas energías todas estas partículas se comportan de manera similar. El efecto es parecido al comportamiento de una bola de ruleta sobre la rueda de la ruleta. A altas energías (cuando la rueda gira rápidamente) la bola se comporta esencialmente de una única manera, gira dando vueltas una y otra vez. Pero conforme la rueda se va frenando, la energía de la bola disminuye, hasta que al final la bola se para en uno de los treinta y siete casilleros de la rueda. En otras palabras, a bajas energías hay treinta y siete estados diferentes en los que la bola puede existir. Si, por algún motivo, sólo pudiéramos ver la bola a bajas energías, entonces ¡pensaríamos que había treinta y siete tipos diferentes de bolas!

En la teoría de Weinberg-Salam, a energías mucho mayores de 100 GeV, las tres nuevas partículas y el fotón se comportarían todas de una manera similar. Pero a energías más bajas, que se dan en la mayoría de las situaciones normales, esta simetría entre las partículas se rompería. $W^+$, $W^-$ y $Z^0$ adquirirían grandes masas, haciendo que la fuerza que trasmiten fuera de muy corto alcance. En la época en que Salam y Weinberg propusieron su teoría, poca gente les creyó y, al mismo tiempo, los aceleradores de partículas no eran lo suficientemente potentes como para alcanzar las energías de 100 GeV requeridas para producir partículas $W^+$, $W^-$ o $Z^0$ reales. No obstante, durante los diez años siguientes, las tres predicciones de la teoría a bajas energías concordaron tan bien con los experimentos que, en 1979, Salam y Weinberg fueron galardonados con el premio Nobel de física, junto con Sheldon Glashow, también de Harvard, que había sugerido una teoría similar de unificación de las fuerzas electromagnéticas y nucleares débiles. El comité de los premios Nobel se salvó del riesgo de haber cometido un error al descubrirse, en 1983 en el CERN (Centro Europeo para la Investigación Nuclear), las tres partículas con masa compañeras del fotón, y cuyas masas y demás propiedades estaban de acuerdo con las predichas por la teoría. Carlo Rubbia, que dirigía el equipo de varios centenares de físicos que hizo el descubrimiento, recibió el premio Nobel, junto con Simon van der Meer, el ingeniero del CERN que desarrolló el sistema de almacenamiento de antimateria empleado. (¡Es muy difícil realizar hoy en día una contribución clave en física experimental a menos que ya se esté en la cima!)

La cuarta categoría de fuerza es la interacción nuclear fuerte, que mantiene a los *quarks* unidos en el protón y el neutrón, y a los protones y neutrones juntos en los núcleos de los átomos. Se cree que esta fuerza es trasmitida por otra partícula de espín 1, llamada gluón, que sólo interactúa consigo misma y con los *quarks*. La interacción nuclear posee una curiosa propiedad llamada confinamiento: siempre liga a las partículas en combinaciones tales que el conjunto total no tiene color. No se puede tener un único *quark* aislado porque tendría un color (rojo, verde o azul). Por el contrario, un *quark* rojo tiene que juntarse con un *quark* verde y uno azul por medio de una «cuerda» de gluones (rojo + verde + azul = blanco). Un triplete así, constituye un protón o un neutrón. Otra posibilidad es un par consistente en un *quark* y un *antiquark* (rojo + antirrojo, o verde + antiverde, o azul + antiazul = blanco). Tales combinaciones forman las partículas conocidas como mesones, que son inestables porque el *quark* y el *antiquark* se pueden aniquilar entre sí, produciendo electrones y otras partículas. Similarmente, el confinamiento impide que se tengan gluones aislados, porque los gluones en sí también tienen color. En vez de ello, uno tiene que tener una colección de gluones cuyos colores se sumen para dar el color blanco. Esta colección forma una partícula inestable llamada *glueball* ('bola de gluones').

El hecho de que el confinamiento nos imposibilite la observación de un *quark* o de un gluón aislados podría parecer que convierte en una cuestión metafísica la noción misma de considerar a los *quarks* y a los gluones como partículas. Sin embargo, existe otra propiedad de la interacción nuclear fuerte, lla-

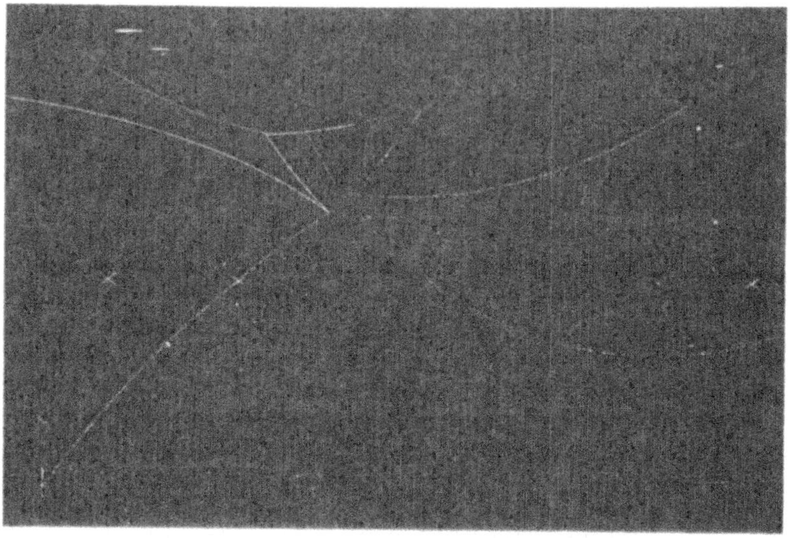

FIGURA 5.2

*Un protón y un antiprotón chocan a altas energías y producen un par de* quarks *casi libres (foto CERN).*

mada libertad asintótica, que hace que los conceptos de *quark* y de gluón estén bien definidos. A energías normales, la interacción nuclear fuerte es verdaderamente intensa y une a los *quarks* entre sí fuertemente. Sin embargo, experimentos realizados con grandes aceleradores de partículas indican que a altas energías la interacción fuerte se hace mucho menos intensa, y los *quarks* y los gluones se comportan casi como partículas libres. La figura 5.2 muestra una fotografía de una colisión entre un protón de alta energía y un antiprotón. En ella, se produjeron varios *quarks* casi libres, cuyas estelas dieron lugar a los «chorros» que se ven en la fotografía.

El éxito de la unificación de las fuerzas electromagnéticas y nucleares débiles produjo un cierto número de intentos de combinar estas dos fuerzas con la interacción nuclear fuerte, en lo que se han llamado teorías de gran unificación (o TGU). Dicho nombre es bastante ampuloso: las teorías resultantes ni son tan grandes, ni están totalmente unificadas, pues no incluyen la gravedad. Ni siquiera son realmente teorías completas, porque contienen un número de parámetros cuyos valores no pueden deducirse de la teoría, sino que tienen que ser elegidos de forma que se ajusten a los experimentos. No obstante, estas teorías pueden constituir un primer paso hacia una teoría completa y totalmente unificada. La idea básica de las TGU es la siguiente: como se mencionó arriba, la interacción nuclear fuerte se hace menos intensa a altas energías; por el contrario, las fuerzas electromagnéticas y débiles, que no son asintóticamente libres, se hacen más intensas a altas energías. A determinada energía muy alta, llamada energía de la gran unificación, estas tres fuerzas deberían tener todas la misma intensidad y sólo ser, por tanto, aspectos diferentes de una única fuerza. Las TGU predicen, además, que a esta energía las diferentes partículas materiales de espín 1/2, como los *quarks* y los electrones, también serían esencialmente iguales, y se conseguiría así otra unificación.

El valor de la energía de la gran unificación no se conoce demasiado bien, pero probablemente tendría que ser como mínimo de mil billones de GeV. La generación actual de aceleradores de partículas puede hacer colisionar partículas con energías de aproximadamente 100 GeV, y están planeadas unas máquinas que elevarían estas energías a unos pocos de miles de GeV. Pero una máquina que fuera lo suficientemente potente como para acelerar partículas hasta la energía de la gran unificación tendría que ser tan grande como el sistema solar, y sería difícil que obtuviese financiación en la situación económica presente. Así pues, es imposible comprobar las teorías de gran unificación directamente en el laboratorio. Sin embargo, al igual que en el caso de la teoría unificada de las interacciones electromagnética y débil, existen consecuencias a baja energía de la teoría que sí pueden ser comprobadas.

La más interesante de ellas es la predicción de que los protones, que constituyen gran parte de la masa de la materia ordinaria, pueden decaer espontáneamente en partículas más ligeras, tales como antielectrones. Esto es posible porque en la energía de la gran unificación no existe ninguna diferencia esencial entre un *quark* y un antielectrón. Los tres *quarks* que forman el protón no tienen normalmente la energía necesaria para poder transformarse en antielectrones, pero muy ocasionalmente alguno de ellos podría adquirir suficiente energía para realizar la transición, porque el principio de incertidumbre implica que la energía de los *quarks* dentro del protón no puede estar fijada con exactitud. El protón decaería entonces. La probabilidad de que un *quark* gane la energía suficiente para esa transición es tan baja que probablemente tendríamos que esperar como mínimo un millón de billones de billones de años (un 1 seguido de treinta ceros). Este período es más largo que el tiempo transcurrido desde el *big bang*, que son unos meros diez mil millones de años aproximadamente (un 1 seguido de diez ceros). Así, se podría pensar que la posibilidad de desintegración espontánea del protón no se puede medir experimentalmente. Sin embargo, uno puede aumentar las probabilidades de detectar una desintegración, observando una gran cantidad de materia con un número elevadísimo de protones. (Si, por ejemplo, se observa un número de protones igual a 1 seguido de treinta y un ceros por un período de un año, se esperaría, de acuerdo con la TGU más simple, detectar más de una desintegración del protón.)

Diversos experimentos de este tipo han sido llevados a cabo, pero ninguno ha producido una evidencia definitiva sobre el decaimiento del protón o del neutrón. Un experimento utilizó ocho mil toneladas de agua y fue realizado en la mina salada de Morton, en Ohio (para evitar que tuvieran lugar otros fenómenos, causados por rayos cósmicos, que podrían ser confundidos con la desintegración de protones). Dado que no se observó ninguna desintegración de protones durante el experimento, se puede calcular que la vida media del protón debe ser mayor de diez millones de billones de billones de años (1 con treinta y un ceros). Lo que significa más tiempo que la vida media predicha por la teoría de gran unificación más simple, aunque existen teorías más elaboradas en las que las vidas medias predichas son mayores. Experimentos todavía más sensibles, involucrando incluso mayores cantidades de materia, serán necesarios para comprobar dichas teorías.

Aunque es muy difícil observar el decaimiento espontáneo de protones, puede ser que nuestra propia existencia sea una consecuencia del proceso inverso, la producción de protones, o más simplemente de *quarks*, a partir de una situación inicial en la que no hubiese más que *quarks* y *antiquarks*, que es la manera más natural de imaginar que empezó el universo. La materia de la Tierra está formada principalmente por protones y neutrones, que a su vez están formados por *quarks*. No existen antiprotones o antineutrones, hechos de *antiquarks*, excepto unos pocos que los físicos producen en grandes aceleradores de partículas. Tenemos evidencia, a través de los rayos cósmicos, de que lo mismo sucede con la materia de nuestra galaxia: no hay antiprotones o antineutrones, aparte de unos pocos que se producen como pares partícula/antipartícula en colisiones de altas energías. Si hubiera extensas regiones de antimateria en nuestra galaxia, esperaríamos observar grandes cantidades de radiación proveniente de los límites entre las regiones de materia y antimateria, en donde muchas partículas colisionarían con sus antipartículas, y se aniquilarían entre sí, desprendiendo radiación de alta energía.

No tenemos evidencia directa de si en otras galaxias la materia está formada por protones y neutrones o por antiprotones y antineutrones, pero tiene que ser o lo uno o lo otro: no puede haber una mezcla dentro de una misma galaxia, porque en ese caso observaríamos de nuevo una gran cantidad de radiación producida por las aniquilaciones. Por lo tanto, creemos que todas las galaxias están compuestas por *quarks* en vez de por *antiquarks*; parece inverosímil que algunas galaxias fueran de materia y otras de antimateria.

¿Por qué debería haber tantísimos más *quarks* que *antiquarks*? ¿Por qué no existe el mismo número de ellos? Es ciertamente una suerte para nosotros que sus cantidades sean desiguales porque, si hubieran sido las mismas, casi todos los *quarks* y *antiquarks* se hubieran aniquilado entre sí en el universo primitivo y hubiera quedado un universo lleno de radiación, pero apenas nada de materia. No habría habido entonces ni galaxias, ni estrellas, ni planetas sobre los que la vida humana pudiera desarrollarse. Afortunadamente, las teorías de gran unificación pueden proporcionarnos una explicación de por qué el universo debe contener ahora más *quarks* que *antiquarks*, incluso a pesar de que empezara con el mismo número de ellos. Como hemos visto, las TGU permiten a los *quarks* transformarse en antielectrones a altas energías. También permiten el proceso inverso, la conversión de *antiquarks* en electrones, y de electrones y antielectrones en *antiquarks* y *quarks*. Hubo un tiempo, en los primeros instantes del universo, en que éste estaba tan caliente que las energías de las partículas eran tan altas que estas transformaciones podían tener lugar. ¿Pero por qué debería esto suponer la existencia de más *quarks* que *antiquarks*? La razón es que las leyes de la física no son exactamente las mismas para partículas que para antipartículas.

Hasta 1956, se creía que las leyes de la física poseían tres simetrías independientes llamadas C, P y T. La simetría C significa que las leyes son las mismas para partículas y para antipartículas. La simetría P implica que las leyes son las mismas para una situación cualquiera y para su imagen especular (la imagen especular de una partícula girando hacia la derecha es la misma partícula, girando hacia la izquierda). La simetría T significa que si se invirtiera la dirección del movimiento de todas las partículas y antipartículas, el sistema volvería a ser igual a como fue antes: en otras palabras, las leyes son las mismas en las direcciones hacia adelante y hacia atrás del tiempo.

En 1956, dos físicos norteamericanos, Tsung-Dao Lee y Chen Ning Yang, sugirieron que la fuerza débil no posee de hecho la simetría P. En otras palabras, la fuerza débil haría evolucionar el universo de un modo diferente a como evolucionaría la imagen especular del mismo. El mismo año, una colega, Chien-Shiung Wu, probó que las predicciones de aquéllos eran correctas. Lo hizo alineando los núcleos de átomos radioactivos en un campo magnético, de tal modo que todos giraran en la misma dirección, y demostró que se liberaban más electrones en una dirección que en la otra. Al año siguiente, Lee y Yang recibieron el premio Nobel por su idea. Se encontró también que la fuerza débil no poseía la simetría C. Es decir, un universo formado por antipartículas se comportaría de manera diferente al nuestro. Sin embargo, parecía que la fuerza débil sí poseía la simetría combinada CP. Es decir, el universo evolucionaría de la misma manera que su imagen especular si, además, cada partícula fuera cambiada por su antipartícula. Sin embargo, en 1964 dos norteamericanos más, J. W. Cronin y Val Fitch, descubrieron que ni siquiera la simetría CP se conservaba en la desintegración de ciertas partículas llamadas mesones-K. Cronin y Fitch recibieron finalmente, en 1980, el premio Nobel por su trabajo. (¡Se han concedido muchos premios por mostrar que el universo no es tan simple como podíamos haber pensado!)

Existe un teorema matemático según el cual cualquier teoría que obedezca a la mecánica cuántica y a la relatividad debe siempre poseer la simetría combinada CPT. En otras palabras, el universo se tendría que comportar igual si se reemplazaran las partículas por antipartículas, si se tomara la imagen especular y se invirtiera la dirección del tiempo. Pero Cronin y Fitch probaron que si se reemplazaban las partículas por antipartículas y se tomaba la imagen especular, pero no se invertía la dirección del tiempo, entonces el universo *no* se comportaría igual. Las leyes de la física tienen que cambiar, por lo tanto, si se invierte la dirección del tiempo: no poseen, pues, la simetría T.

Ciertamente, el universo primitivo no posee la simetría T: cuando el tiempo avanza, el universo se expande; si el tiempo retrocediera, el universo se contraería. Y dado que hay fuerzas que no poseen la simetría T, podría ocurrir que, conforme el universo se expande, estas fuerzas convirtieran más antielectrones en *quarks* que electrones en *antiquarks*. Entonces, al expandirse y enfriarse el universo, los *antiquarks* se aniquilarían con los *quarks*, pero, como habría más *quarks* que *antiquarks*, quedaría un pequeño exceso de *quarks*, que son los que constituyen la materia que vemos hoy en día y de la que estamos hechos. Así, nuestra propia existencia podría ser vista como una confirmación de las teorías de gran unificación, aunque sólo fuera una confirmación únicamente cualitativa; las incertidumbres son tan grandes que no se puede predecir el número de *quarks* que quedarían después de la aniquilación, o incluso si serían los *quarks* o los *antiquarks* los que permanecerían. (Si hubiera habido un exceso de *antiquarks*, sería lo mismo, pues habríamos llamado *antiquarks* a los *quarks*, y *quarks* a los *antiquarks*.)

Las teorías de gran unificación no incluyen a la fuerza de la gravedad. Lo cual no importa demasiado, porque la gravedad es tan débil que sus efectos pueden normalmente ser despreciados cuando estudiamos partículas o átomos. Sin embargo, el hecho de que sea a la vez de largo alcance y siempre atractiva significa que sus efectos se suman. Así, para un número de partículas materiales suficientemente grande, las fuerzas gravitatorias pueden dominar sobre todas las demás. Por ello, la gravedad determina la evolución del universo. Incluso para objetos del tamaño de una estrella, la fuerza atractiva de la gravedad puede dominar sobre el resto de las fuerzas y hacer que la estrella se colapse. Mi trabajo en los años setenta se centró en los agujeros negros que pueden resultar de un colapso estelar y en los intensos campos gravitatorios existentes a su alrededor. Fue esto lo que nos condujo a las primeras pistas de cómo las teorías de la mecánica cuántica y de la relatividad general podrían relacionarse entre sí: un vislumbre de la forma que tendría una venidera teoría cuántica de la gravedad.

## Capítulo 6

# LOS AGUJEROS NEGROS

El término *agujero negro* tiene un origen muy reciente. Fue acuñado en 1969 por el científico norteamericano John Wheeler como la descripción gráfica de una idea que se remonta hacia atrás un mínimo de doscientos años, a una época en que había dos teorías sobre la luz: una, preferida por Newton, que suponía que la luz estaba compuesta por partículas, y la otra que asumía que estaba formada por ondas. Hoy en día, sabemos que ambas teorías son correctas. Debido a la dualidad onda/corpúsculo de la mecánica cuántica, la luz puede ser considerada como una onda y como una partícula. En la teoría de que la luz estaba formada por ondas, no quedaba claro como respondería ésta ante la gravedad. Pero si la luz estaba compuesta por partículas, se podría esperar que éstas fueran afectadas por la gravedad del mismo modo que lo son las balas, los cohetes y los planetas. Al principio, se pensaba que las partículas de luz viajaban con infinita rapidez, de forma que la gravedad no hubiera sido capaz de frenarlas, pero el descubrimiento de Roemer de que la luz viaja a una velocidad finita, significó el que la gravedad pudiera tener un efecto importante sobre la luz.

Bajo esta suposición, un catedrático de Cambridge, John

Michell, escribió en 1783 un artículo en el *Philosophical Transactions of the Royal Society of London* en el que señalaba que una estrella que fuera suficientemente masiva y compacta tendría un campo gravitatorio tan intenso que la luz no podría escapar: la luz emitida desde la superficie de la estrella sería arrastrada de vuelta hacia el centro por la atracción gravitatoria de la estrella, antes de que pudiera llegar muy lejos. Michell sugirió que podría haber un gran número de estrellas de este tipo. A pesar de que no seríamos capaces de verlas porque su luz no nos alcanzaría, sí notaríamos su atracción gravitatoria. Estos objetos son los que hoy en día llamamos agujeros negros, ya que esto es precisamente lo que son: huecos negros en el espacio. Una sugerencia similar fue realizada unos pocos años después por el científico francés marqués de Laplace, parece ser que independientemente de Michell. Resulta bastante interesante que Laplace sólo incluyera esta idea en la primera y la segunda ediciones de su libro *El sistema del mundo*, y no la incluyera en las ediciones posteriores. Quizás decidió que se trataba de una idea disparatada. (Hay que tener en cuenta también que la teoría corpuscular de la luz cayó en desuso durante el siglo XIX; parecía que todo se podía explicar con la teoría ondulatoria, y, de acuerdo con ella, no estaba claro si la luz sería afectada por la gravedad.)

De hecho, no es realmente consistente tratar la luz como las balas en la teoría de la gravedad de Newton, porque la velocidad de la luz es fija. (Una bala disparada hacia arriba desde la Tierra se irá frenando debido a la gravedad y, finalmente, se parará y caerá; un fotón, sin embargo, debe continuar hacia arriba con velocidad constante. ¿Cómo puede entonces afectar la gravedad newtoniana a la luz?) No apareció una teoría consistente de cómo la gravedad afecta a la luz hasta que Einstein propuso la relatividad general, en 1915. E incluso entonces, tuvo que transcurrir mucho tiempo antes de que se comprendieran las implicaciones de la teoría acerca de las estrellas masivas.

Para entender cómo se podría formar un agujero negro, tenemos que tener ciertos conocimientos acerca del ciclo vital de una estrella. Una estrella se forma cuando una gran cantidad de gas, principalmente hidrógeno, comienza a colapsar sobre sí mismo debido a su atracción gravitatoria. Conforme se contrae, sus átomos empiezan a colisionar entre sí, cada vez con mayor frecuencia y a mayores velocidades: el gas se calienta. Con el tiempo, el gas estará tan caliente que cuando los átomos de hidrógeno choquen ya no saldrán rebotados, sino que se fundirán formando helio. El calor desprendido por la reacción, que es como una explosión controlada de una bomba de hidrógeno, hace que la estrella brille. Este calor adicional también aumenta la presión del gas hasta que ésta es suficiente para equilibrar la atracción gravitatoria, y el gas deja de contraerse. Se parece en cierta medida a un globo. Existe un equilibrio entre la presión del aire de dentro, que trata de hacer que el globo se hinche, y la tensión de la goma, que trata de disminuir el tamaño del globo. Las estrellas permanecerán estables en esta forma por un largo período, con el calor de las reacciones nucleares equilibrando la atracción gravitatoria. Finalmente, sin embargo, la estrella consumirá todo su hidrógeno y los otros combustibles nucleares. Paradójicamente, cuanto más combustible posee una estrella al principio, más pronto se le acaba. Esto se debe a que cuanto más masiva es la estrella, más caliente tiene que estar para contrarrestar la atracción gravitatoria, y, cuanto más caliente está, más rápidamente utiliza su combustible. Nuestro Sol tiene probablemente suficiente combustible para otros cinco mil millones de años aproximadamente, pero estrellas más masivas pueden gastar todo su combustible en tan sólo cien millones de años, mucho menos que la edad del universo. Cuando una estrella se queda sin combustible, empieza a enfriarse y por lo tanto a contraerse. Lo que puede sucederle a partir de ese momento sólo se empezó a entender al final de los años veinte.

En 1928, un estudiante graduado indio, Subrahmanyan

Chandrasekhar, se embarcó hacia Inglaterra para estudiar en Cambridge con el astrónomo británico sir Arthur Eddington, un experto en relatividad general. (Según algunas fuentes, un periodista le dijo a Eddington, al principio de los años veinte, que había oído que había sólo tres personas en el mundo que entendieran la relatividad general. Eddington hizo una pausa, y luego replicó: «Estoy tratando de pensar quién es la tercera persona».) Durante su viaje desde la India, Chandrasekhar calculó lo grande que podría llegar a ser una estrella que fuera capaz de soportar su propia gravedad, una vez que hubiera gastado todo su combustible. La idea era la siguiente: cuando la estrella se reduce en tamaño, las partículas materiales están muy cerca unas de otras, y así, de acuerdo con el principio de exclusión de Pauli, tienen que tener velocidades muy diferentes. Esto hace que se alejen unas de otras, lo que tiende a expandir a la estrella. Una estrella puede, por lo tanto, mantenerse con un radio constante, debido a un equilibrio entre la atracción de la gravedad y la repulsión que surge del principio de exclusión, de la misma manera que antes la gravedad era compensada por el calor.

Chandrasekhar se dio cuenta, sin embargo, de que existe un límite a la repulsión que el principio de exclusión puede proporcionar. La teoría de la relatividad limita la diferencia máxima entre las velocidades de las partículas materiales de la estrella a la velocidad de la luz. Esto significa que cuando la estrella fuera suficientemente densa, la repulsión debida al principio de exclusión sería menor que la atracción de la gravedad. Chandrasekhar calculó que una estrella fría de más de aproximadamente una vez y media la masa del Sol no sería capaz de soportar su propia gravedad. (A esta masa se le conoce hoy en día como el límite de Chandrasekhar.) Un descubrimiento similar fue realizado, casi al mismo tiempo, por el científico ruso Lev Davidovich Landau.

Todo esto tiene serias implicaciones en el destino último de las estrellas masivas. Si una estrella posee una masa menor que el límite de Chandrasekhar, puede finalmente cesar de contraerse y estabilizarse en un posible estado final, como una estrella «enana blanca», con un radio de unos pocos miles de kilómetros y una densidad de decenas de toneladas por centímetro cúbico. Una enana blanca se sostiene por la repulsión, debida al principio de exclusión entre los electrones de su materia. Se puede observar un gran número de estas estrellas enanas blancas; una de las primeras que se descubrieron fue una estrella que está girando alrededor de Sirio, la estrella más brillante en el cielo nocturno.

Landau señaló que existía otro posible estado final para una estrella, también con una masa límite de una o dos veces la masa del Sol, pero mucho más pequeña incluso que una enana blanca. Estas estrellas se mantendrían gracias a la repulsión debida al principio de exclusión entre neutrones y protones, en vez de entre electrones. Se les llamó por eso estrellas de neutrones. Tendrían un radio de unos quince kilómetros aproximadamente y una densidad de decenas de millones de toneladas por centímetro cúbico. En la época en que fueron predichas, no había forma de poder observarlas; no fueron detectadas realmente hasta mucho después.

Estrellas con masas superiores al límite de Chandrasekhar tienen, por el contrario, un gran problema cuando se les acaba el combustible. En algunos casos consiguen explotar, o se las arreglan para desprenderse de la suficiente materia como para reducir su peso por debajo del límite y evitar así un catastrófico colapso gravitatorio; pero es difícil pensar que esto ocurra siempre, independientemente de lo grande que sea la estrella. ¿Cómo podría saber la estrella que tenía que perder peso? E incluso si todas las estrellas se las arreglaran para perder la masa suficiente como para evitar el colapso, ¿qué sucedería si se añadiera más masa a una enana blanca o a una estrella de neutrones, de manera que se sobrepasara el límite? ¿Se colapsaría alcanzando una densidad infinita? Eddington se asombró tanto por esta conclusión que rehusó creerse el resultado de Chandrasekhar. Pensó que era simplemente imposible que una estrella pudiera colapsarse y convertirse en un punto. Este fue el criterio de la mayoría de los científicos: el mismo Einstein escribió un artículo en el que sostenía que las estrellas no podrían encogerse hasta tener un tamaño nulo. La hostilidad de otros científicos, en particular de Eddington, su antiguo profesor y principal autoridad en la estructura de las estrellas, persuadió a Chandrasekhar a abandonar esta línea de trabajo y volver su atención hacia otros problemas de astronomía, tales como el movimiento de los grupos de estrellas. Sin embargo, cuando se le otorgó el premio Nobel en 1983, fue, al menos en parte, por sus primeros trabajos sobre la masa límite de las estrellas frías.

Chandrasekhar había demostrado que el principio de exclusión no podría detener el colapso de una estrella más masiva que el límite de Chandrasekhar, pero el problema de entender qué es lo que le sucedería a tal estrella, de acuerdo con la relatividad general, fue resuelto por primera vez por un joven norteamericano, Robert Oppenheimer, en 1939. Su resultado, sin embargo, sugería que no habría consecuencias observables que pudieran ser detectadas por un telescopio de su época. Entonces comenzó la segunda guerra mundial y el propio Oppenheimer se vio involucrado en el proyecto de la bomba atómica. Después de la guerra, el problema del colapso gravitatorio fue ampliamente olvidado, ya que la mayoría de los científicos se vieron atrapados en el estudio de lo que sucede a escala atómica y nuclear. En los años sesenta, no obstante, el interés por los problemas de gran escala de la astronomía y la cosmología fue resucitado a causa del aumento en el número y categoría de las observaciones astronómicas, ocasionado por la aplicación de la tecnología moderna. El trabajo de Oppenheimer fue entonces redescubierto y adoptado por cierto número de personas.

La imagen que tenemos hoy del trabajo de Oppenheimer es

la siguiente: el campo gravitatorio de la estrella cambia los caminos de los rayos de luz en el espacio-tiempo, respecto de como hubieran sido si la estrella no hubiera estado presente. Los conos de luz, que indican los caminos seguidos en el espacio y en el tiempo por destellos luminosos emitidos desde sus vértices, se inclinan ligeramente hacia dentro cerca de la superficie de la estrella. Esto puede verse en la desviación de la luz, proveniente de estrellas distantes, observada durante un eclipse solar. Cuando la estrella se contrae, el campo gravitatorio en su superficie es más intenso y los conos de luz se inclinan más hacia dentro. Esto hace más difícil que la luz de la estrella escape, y la luz se muestra más débil y más roja para un observador lejano. Finalmente, cuando la estrella se ha reducido hasta un cierto radio crítico, el campo gravitatorio en la superficie llega a ser tan intenso, que los conos de luz se inclinan tanto hacia dentro que la luz ya no puede escapar (figura 6.1). De acuerdo con la teoría de la relatividad, nada puede viajar más rápido que la luz. Así si la luz no puede escapar, tampoco lo puede hacer ningún otro objeto; todo es arrastrado por el campo gravitatorio. Por lo tanto, se tiene un conjunto de sucesos, una región del espacio-tiempo, desde donde no se puede escapar y alcanzar a un observador lejano. Esta región es lo que hoy en día llamamos un agujero negro. Su frontera se denomina el horizonte de sucesos y coincide con los caminos de los rayos luminosos que están justo a punto de escapar del agujero negro, pero no lo consiguen.

Para entender lo que se vería si uno observara cómo se colapsa una estrella para formar un agujero negro, hay que recordar que en la teoría de la relatividad no existe un tiempo absoluto. Cada observador tiene su propia medida del tiempo. El tiempo para alguien que esté en una estrella será diferente al de otra persona lejana, debido al campo gravitatorio de esa estrella. Supongamos que un intrépido astronauta, que estuviera situado en la superficie de una estrella que se colapsa, y se co-

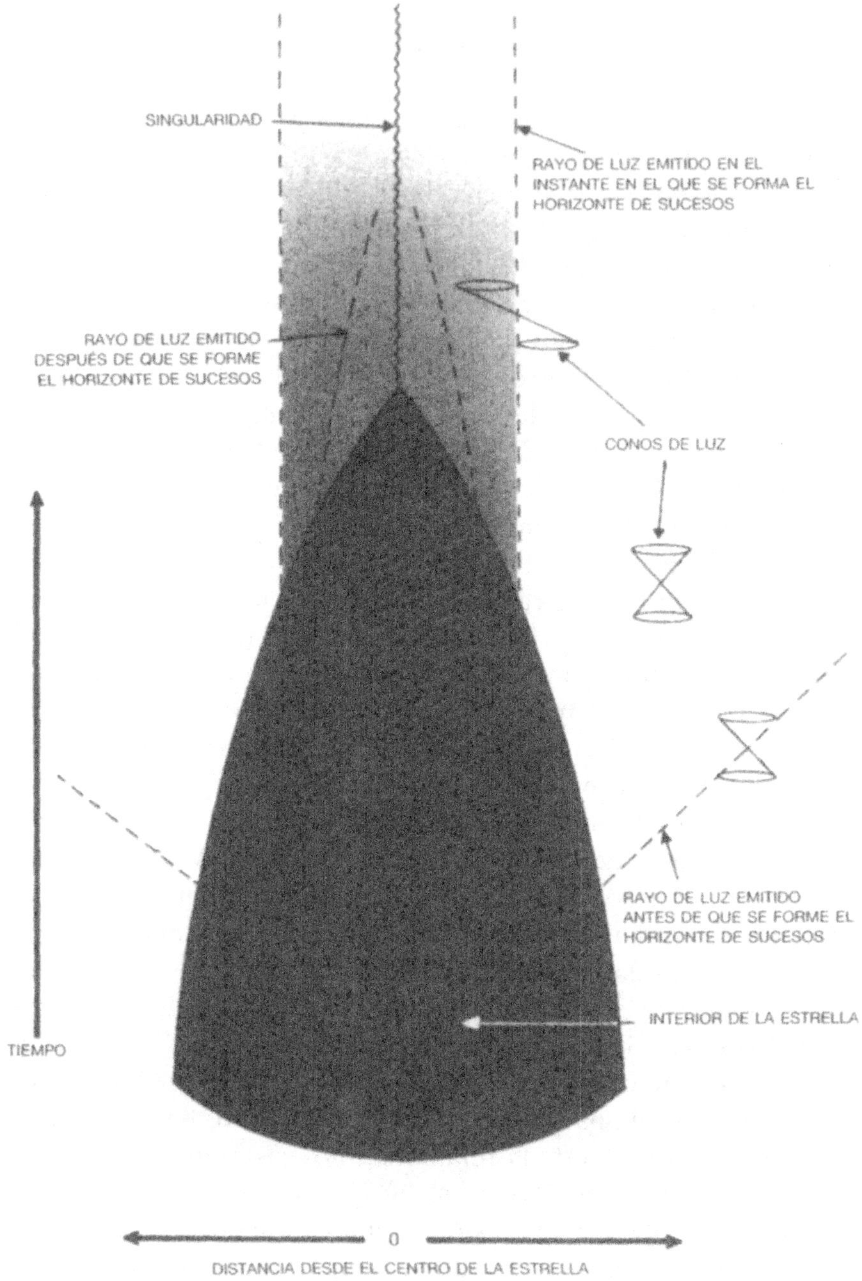
SINGULARIDAD
RAYO DE LUZ EMITIDO EN EL INSTANTE EN EL QUE SE FORMA EL HORIZONTE DE SUCESOS
RAYO DE LUZ EMITIDO DESPUÉS DE QUE SE FORME EL HORIZONTE DE SUCESOS
CONOS DE LUZ
RAYO DE LUZ EMITIDO ANTES DE QUE SE FORME EL HORIZONTE DE SUCESOS
INTERIOR DE LA ESTRELLA
TIEMPO
0
DISTANCIA DESDE EL CENTRO DE LA ESTRELLA

FIGURA 6.1

lapsara hacia dentro con ella, enviase una señal cada segundo, de acuerdo con su reloj, a su nave espacial que gira en órbita alrededor de la estrella. A cierta hora según su reloj, digamos que a las 11:00, la estrella se reduciría por debajo de su radio crítico, entonces el campo gravitatorio se haría tan intenso que nada podría escapar y las señales del astronauta ya no alcanzarían a la nave. Conforme se acercaran las 11:00, sus compañeros, que observaran desde la nave, encontrarían los intervalos entre señales sucesivas cada vez más largos, aunque dicho efecto sería muy pequeño antes de las 10:59:59. Sólo tendrían que esperar poco más de un segundo entre la señal del astronauta de las 10:59:58 y la que envió cuando en su reloj eran las 10:59:59; pero tendrían que esperar eternamente la señal de las 11:00. Las ondas luminosas emitidas desde la superficie de la estrella entre las 10:59:59 y las 11:00, según el reloj del astronauta, estarían extendidas a lo largo de un período infinito de tiempo, visto desde la nave. El intervalo de tiempo entre la llegada de ondas sucesivas a la nave se haría cada vez más largo, por eso la luz de la estrella llegaría cada vez más roja y más débil. Al final, la estrella sería tan oscura que ya no podría verse desde la nave: todo lo que quedaría sería un agujero negro en el espacio. La estrella continuaría, no obstante, ejerciendo la misma fuerza gravitatoria sobre la nave, que seguiría en órbita alrededor del agujero negro.

Pero este supuesto no es totalmente realista, debido al problema siguiente. La gravedad se hace tanto más débil cuanto más se aleja uno de la estrella, así la fuerza gravitatoria sobre los pies de nuestro intrépido astronauta sería siempre mayor que sobre su cabeza. ¡Esta diferencia de las fuerzas estiraría a nuestro astronauta como un *spaghetti* o lo despedazaría antes de que la estrella se hubiera contraído hasta el radio crítico en que se forma el horizonte de sucesos! No obstante, se cree que existen objetos mayores en el universo que también pueden sufrir un colapso gravitatorio, y producir agujeros negros. Un astronauta situado encima de uno de estos objetos no sería despedazado antes de que se formara el agujero negro. De hecho, él no sentiría nada especial cuando alcanzara el radio crítico, y podría pasar el punto de no retorno sin notarlo. Sin embargo, a las pocas horas, mientras la región continuara colapsándose, la diferencia entre las fuerzas gravitatorias sobre su cabeza y sobre sus pies se haría tan intensa que de nuevo sería despedazado.

El trabajo que Roger Penrose y yo hicimos entre 1965 y 1970 demostró que, de acuerdo con la relatividad general, debe haber una singularidad de densidad y curvatura del espacio-tiempo infinitas dentro de un agujero negro. La situación es parecida al *big bang* al principio del tiempo, sólo que sería el final, en vez del principio del tiempo, para el cuerpo que se colapsa y para el astronauta. En esta singularidad, tanto las leyes de la ciencia como nuestra capacidad de predecir el futuro fallarían totalmente. No obstante, cualquier observador que permaneciera fuera del agujero negro no estaría afectado por este fallo de capacidad de predicción, porque ni la luz ni cualquier otra señal podrían alcanzarle desde la singularidad. Este hecho notable llevó a Roger Penrose a proponer la hipótesis de la censura cósmica, que podría parafrasearse como «Dios detesta una singularidad desnuda». En otras palabras, las singularidades producidas por un colapso gravitatorio sólo ocurren en sitios, como los agujeros negros, en donde están decentemente ocultas por medio de un horizonte de sucesos, para no ser vistas desde fuera. Estrictamente, esto es lo que se conoce como la hipótesis débil de la censura cósmica: protege a los observadores que se quedan fuera del agujero negro de las consecuencias de la crisis de predicción que ocurre en la singularidad, pero no hace nada por el pobre desafortunado astronauta que cae en el agujero.

Existen algunas soluciones de las ecuaciones de la relatividad general en las que le es posible al astronauta ver una singularidad desnuda: él puede evitar chocar con la singularidad y, en vez de esto, caer a través de un «agujero de gusano», para salir en otra región del universo. Esto ofrecería grandes posibilidades de viajar en el espacio y en el tiempo, aunque desafortunadamente parece ser que estas soluciones son altamente inestables; la menor perturbación, como, por ejemplo, la presencia del astronauta, puede cambiarlas, de forma que el astronauta podría no ver la singularidad hasta que chocara con ella, momento en el que encontraría su final. En otras palabras, la singularidad siempre estaría en su futuro y nunca en su pasado. La versión fuerte de la hipótesis de la censura cósmica nos dice que las singularidades siempre estarán, o bien enteramente en el futuro, como las singularidades de colapsos gravitatorios, o bien enteramente en el pasado, como el *big bang*. Es muy probable que se verifique alguna de las versiones de la censura cósmica, porque cerca de singularidades desnudas puede ser posible viajar al pasado. Aunque esto sería atractivo para los escritores de ciencia ficción, significaría que nuestras vidas nunca estarían a salvo: ¡alguien podría volver al pasado y matar a tu padre o a tu madre antes de que hubieras sido concebido!

El horizonte de sucesos, la frontera de la región del espacio-tiempo desde la que no es posible escapar, actúa como una membrana unidireccional alrededor del agujero negro: los objetos, tales como astronautas imprudentes, pueden caer en el agujero negro a través del horizonte de sucesos, pero nada puede escapar del agujero negro a través del horizonte de sucesos. (Recordemos que el horizonte de sucesos es el camino en el espacio-tiempo de la luz que está tratando de escapar del agujero negro, y nada puede viajar más rápido que la luz.) Uno podría decir del horizonte de sucesos lo que el poeta Dante dijo a la entrada del infierno: «Perded toda esperanza al traspasarme». Cualquier cosa o persona que cae a través del horizonte de sucesos pronto alcanzará la región de densidad infinita y el final del tiempo.

La relatividad general predice que los objetos pesados en movimiento producirán la emisión de ondas gravitatorias, rizos en la curvatura del espacio que viajan a la velocidad de la luz. Dichas ondas son similares a las ondas luminosas, que son rizos del campo electromagnético, pero mucho más difíciles de detectar. Al igual que la luz, se llevan consigo energía de los objetos que las emiten. Uno esperaría, por lo tanto, que un sistema de objetos masivos se estabilizara finalmente en un estado estacionario, ya que la energía de cualquier movimiento se perdería en la emisión de ondas gravitatorias. (Es parecido a dejar caer un corcho en el agua: al principio se mueve bruscamente hacia arriba y hacia abajo, pero cuando las olas se llevan su energía, se queda finalmente en un estado estacionario.) Por ejemplo, el movimiento de la Tierra en su órbita alrededor del Sol produce ondas gravitatorias. El efecto de la pérdida de energía será cambiar la órbita de la Tierra, de forma que gradualmente se irá acercando cada vez más al Sol; con el tiempo colisionará con él, y se quedará en un estado estacionario. El ritmo de pérdida de energía en el caso de la Tierra y el Sol es muy lento, aproximadamente el suficiente para hacer funcionar un pequeño calentador eléctrico. ¡Esto significa que la Tierra tardará unos mil billones de billones de años en chocar con el Sol, por lo que no existe un motivo inmediato de preocupación! El cambio en la órbita de la Tierra es demasiado pequeño para ser observado, pero el mismo efecto ha sido detectado durante los últimos años en el sistema llamado PSR 1913+16 (PSR se refiere a «pulsar», un tipo especial de estrella de neutrones que emite pulsos regulares de ondas de radio). Este sistema contiene dos estrellas de neutrones girando una alrededor de la otra; la energía que están perdiendo, debido a la emisión de ondas gravitatorias, les hace girar entre sí en espiral.

Durante el colapso gravitatorio de una estrella para formar un agujero negro, los movimientos serían mucho más rápidos, por lo que el ritmo de emisión de energía sería mucho mayor. Así pues, no se tardaría demasiado en llegar a un estado estacionario. ¿Qué parecería este estado final? Se podría suponer que dependería de todas las complejas características de la estrella de la que se ha formado. No sólo de una masa y velocidad de giro, sino también de las diferentes densidades de las distintas partes en ella, y de los complicados movimientos de los gases en su interior. Y si los agujeros negros fueran tan complicados como los objetos que se colapsan para formarlos, podría ser muy difícil realizar cualquier predicción sobre agujeros negros en general.

En 1967, sin embargo, el estudio de los agujeros negros fue revolucionado por Werner Israel, un científico canadiense (que nació en Berlín, creció en Sudáfrica, y obtuvo el título de doctor en Irlanda). Israel demostró que, de acuerdo con la relatividad general, los agujeros negros sin rotación debían ser muy simples; eran perfectamente esféricos, su tamaño sólo dependía de su masa, y dos agujeros negros cualesquiera con la misma masa serían idénticos. De hecho, podrían ser descritos por una solución particular de las ecuaciones de Einstein, solución conocida desde 1917, hallada gracias a Karl Schwarzschild al poco tiempo del descubrimiento de la relatividad general. Al principio, mucha gente, incluido el propio Israel, argumentó que puesto que un agujero negro tenía que ser perfectamente esférico, sólo podría formarse del colapso de un objeto perfectamente esférico. Cualquier estrella real, que nunca sería *perfectamente* esférica, sólo podría por lo tanto colapsarse formando una singularidad desnuda.

Hubo, sin embargo, una interpretación diferente del resultado de Israel, defendida, en particular, por Roger Penrose y John Wheeler. Ellos argumentaron que los rápidos movimientos involucrados en el colapso de una estrella implicarían que las ondas gravitatorias que desprendiera la harían siempre más esférica, y para cuando se hubiera asentado en un estado estacionario sería perfectamente esférica. De acuerdo con este punto de vista, cualquier estrella sin rotación, independientemente de lo complicado de su forma y de su estructura interna, acabaría después de un colapso gravitatorio siendo un agujero negro perfectamente esférico, cuyo tamaño dependería únicamente de su masa. Cálculos posteriores apoyaron este punto de vista, que pronto fue adoptado de manera general.

El resultado de Israel sólo se aplicaba al caso de agujeros negros formados a partir de cuerpos sin rotación. En 1963, Roy Kerr, un neozelandés, encontró un conjunto de soluciones a las ecuaciones de la relatividad general que describían agujeros negros en rotación. Estos agujeros negros de «Kerr» giran a un ritmo constante, y su tamaño y forma sólo dependen de su masa y de su velocidad de rotación. Si la rotación es nula, el agujero negro es perfectamente redondo y la solución es idéntica a la de Schwarzschild. Si la rotación no es cero, el agujero negro se deforma hacia fuera cerca de su ecuador (justo igual que la Tierra o el Sol se achatan en los polos debido a su rotación), y cuanto más rápido gira, más se deforma. De este modo, al extender el resultado de Israel para poder incluir a los cuerpos en rotación, se conjeturó que cualquier cuerpo en rotación, que colapsara y formara un agujero negro, llegaría finalmente a un estado estacionario descrito por la solución de Kerr.

En 1970, un colega y alumno mío de investigación en Cambridge, Brandon Carter, dio el primer paso para la demostración de la anterior conjetura. Probó que, con tal de que un agujero negro rotando de manera estacionaria tuviera un eje de simetría, como una peonza, su tamaño y su forma sólo dependerían de su masa y de la velocidad de rotación. Luego, en 1971, yo demostré que cualquier agujero negro rotando de manera estacionaria siempre tendría un eje de simetría. Finalmente, en 1973, David Robinson, del Kings College de Londres, usó el resultado de Carter y el mío para demostrar que la conjetura era correcta: dicho agujero negro tiene que ser verdaderamente la solución de Kerr. Así, después de un colapso gravitatorio, un agujero negro se debe asentar en un estado en el que puede rotar, pero no puede tener pulsaciones [es decir, aumentos y disminuciones periódicas de su tamaño]. Además, su tamaño y forma sólo dependerán de su masa y velocidad de rotación, y no de la naturaleza del cuerpo que lo ha generado mediante su colapso. Este resultado se dio a conocer con la frase: «un agujero negro no tiene pelo». El teorema de la «no existencia de pelo» es de gran importancia práctica, porque restringe fuertemente los tipos posibles de agujeros negros. Se pueden hacer, por lo tanto, modelos detallados de objetos que podrían contener agujeros negros, y comparar las predicciones de estos modelos con las observaciones. También implica que una gran cantidad de información sobre el cuerpo colapsado se debe perder cuando se forma el agujero negro, porque después de ello, todo lo que se puede medir del cuerpo es la masa y la velocidad de rotación. El significado de todo esto se verá en el próximo capítulo.

Los agujeros negros son un caso, entre unos pocos en la historia de la ciencia, en el que la teoría se desarrolla en gran detalle como un modelo matemático, antes de que haya ninguna evidencia a través de las observaciones de que aquélla es correcta. En realidad, esto constituía el principal argumento de los oponentes de los agujeros negros: ¿cómo podría uno creer en objetos cuya única evidencia eran cálculos basados en la dudosa teoría de la relatividad general? En 1963, sin embargo, Maarten Schmidt, un astrónomo del observatorio Monte Palomar de California, midió el corrimiento hacia el rojo de un débil objeto parecido a una estrella, situado en la dirección de la fuente de ondas de radio llamada 3C273 (es decir, fuente número 273 del tercer catálogo de Cambridge de fuentes de radio). Encontró que dicho corrimiento era demasiado grande para ser causado por un campo gravitatorio: si hubiera sido un corrimiento hacia el rojo de origen gravitatorio, el objeto tendría que haber sido tan masivo y tan cercano a nosotros que habría perturbado las órbitas de los planetas del sistema solar. Esto indujo a pensar que el corrimiento hacia el rojo fue causado, en vez de por la gravedad, por la expansión del universo, lo que, a su vez, implicaba que el objeto estaba muy lejos. Y para ser visible a tan gran distancia, el objeto debería ser muy brillante, debería, en otras palabras, emitir una enorme cantidad de energía. El único mecanismo que se podía pensar que produjera tales cantidades de energía parecía ser el colapso gravitatorio, no ya de una estrella, sino de toda una región central de una galaxia. Cierto número de otros «objetos cuasi-estelares», o *quasars*, similares han sido descubiertos, todos con grandes corrimientos hacia el rojo. Pero todos están demasiado lejos y, por lo tanto, son demasiado difíciles de observar para que puedan proporcionar evidencias concluyentes acerca de los agujeros negros.

Nuevos estímulos sobre la existencia de agujeros negros llegaron en 1967 con el descubrimiento, por un estudiante de investigación de Cambridge, Jocelyn Bell, de objetos celestes que emitían pulsos regulares de ondas de radio. Al principio, Bell y su director de tesis, Antony Hewish, pensaron que podrían haber establecido contacto con una civilización extraterrestre de la galaxia. En verdad, recuerdo que, en el seminario en el que anunciaron su descubrimiento, denominaron a las primeras cuatro fuentes encontradas LGM 1-4, LGM refiriéndose a *«Little Green Men»* [hombrecillos verdes]. Al final, sin embargo, ellos y el resto de científicos llegaron a la conclusión menos romántica de que estos objetos, a los que se les dio el nombre de *pulsars*, eran de hecho estrellas de neutrones en rotación, que emitían pulsos de ondas de radio debido a una complicada interacción entre sus campos magnéticos y la materia de su alrededor. Fueron malas noticias para los escritores de *westerns* espaciales, pero muy esperanzadoras para el pequeño grupo de los que creíamos en agujeros negros en aquella época: fue la primera evidencia positiva de que las estrellas de neutrones existían. Una estrella de neutrones posee un radio de unos quince kilómetros, sólo una pequeña cantidad de veces el radio crítico en

FIGURA 6.2

*La más brillante de las dos estrellas cercanas al centro de la fotografía es Cygnus X-1, que se cree consiste en un agujero negro y una estrella ordinaria, girando cada uno alrededor del otro.*

que una estrella se convierte en un agujero negro. Si una estrella podía colapsarse hasta un tamaño tan pequeño, no era ilógico esperar que otras estrellas pudieran colapsar a tamaños incluso menores y se convirtieran en agujeros negros.

¿Cómo podríamos esperar que se detectase un agujero negro, si por su propia definición no emite ninguna luz? Podría parecer algo similar a buscar un gato negro en un sótano lleno de carbón. Afortunadamente, hay una manera. Como John Michell señaló en su artículo pionero de 1783, un agujero negro sigue ejerciendo una fuerza gravitatoria sobre los objetos cercanos. Los astrónomos han observado muchos sistemas en los que dos estrellas giran en órbita una alrededor de la otra, atraídas entre sí por la gravedad. También observan sistemas en los que sólo existe una estrella visible que está girando alrededor de algún compañero invisible. No se puede, desde luego, llegar a la conclusión de que el compañero es un agujero negro: podría ser simplemente una estrella que es demasiado débil para ser vista. Sin embargo, algunos de estos sistemas, como el llamado Cygnus X-1 (figura 6.2), también son fuentes intensas de rayos X. La mejor explicación de este fenómeno es que se está quitando materia de la superficie de la estrella visible. Cuando esta materia cae hacia el compañero invisible, desarrolla un movimiento espiral (parecido al movimiento del agua cuando se vacía una bañera), y adquiere una temperatura muy alta, emitiendo rayos X (figura 6.3). Para que este mecanismo funcione, el objeto invisible tiene que ser pequeño, como una enana blanca, una estrella de neutrones o un agujero negro. A partir de la órbita observada de la estrella visible, se puede determinar la masa más pequeña posible del objeto invisible. En el caso de Cygnus X-1, ésta es de unas seis veces la masa del Sol, lo que, de acuerdo con el resultado de Chandrasekhar, es demasiado grande para que el objeto invisible sea una enana blanca. También es una masa demasiado grande para ser una estrella de neutrones. Parece, por lo tanto, que se trata de un agujero negro.

Existen otros modelos para explicar Cygnus X-1, que no incluyen un agujero negro, pero todos son bastante inverosímiles. Un agujero negro parece ser la única explicación realmente natural de las observaciones. A pesar de ello, tengo pendiente una apuesta con Kip Thorne, del Instituto Tecnológico de California, de que ¡de hecho Cygnus X-1 no contiene ningún agujero negro! Se trata de una especie de póliza de seguros para mí. He realizado una gran cantidad de trabajos sobre agujeros negros, y estaría todo perdido si resultara que los agujeros negros no existen. Pero en este caso, tendría el consuelo de ganar la apuesta, que me proporcionaría recibir la revista *Private Eye* durante cuatro años. Si los agujeros negros existen, Kip obtendrá una suscripción a la revista *Penthouse* para un año. Cuando

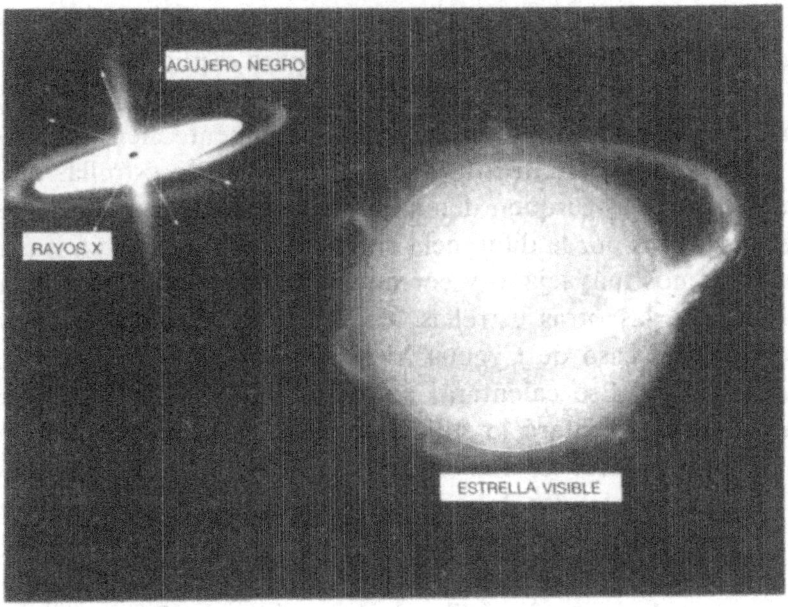


FIGURA 6.3

hicimos la apuesta, en 1975, teníamos una certeza de un 80 por 100 de que Cygnus era un agujero negro. Ahora, diría que la certeza es de un 95 por 100, pero la apuesta aún tiene que dirimirse.

En la actualidad tenemos también evidencias de otros agujeros negros en sistemas como el de Cygnus X-1 en nuestra galaxia y en dos galaxias vecinas llamadas las Nubes de Magallanes. El número de agujeros negros es, no obstante, casi con toda certeza muchísimo mayor; en la larga historia del universo, muchas estrellas deben haber consumido todo su combustible nuclear, por lo que habran tenido que colapsarse. El número de agujeros negros podría ser incluso mayor que el número de estrellas visibles, que contabiliza un total de unos cien mil millones sólo en nuestra galaxia. La atracción gravitatoria extra de un número tan grande de agujeros negros podría explicar por qué nuestra galaxia gira a la velocidad con que lo hace: la masa de las estrellas visibles es insuficiente para explicarlo. También tenemos alguna evidencia de que existe un agujero negro mucho mayor, con una masa de aproximadamente cien mil veces la del Sol, en el centro de nuestra galaxia. Las estrellas de la galaxia que se acerquen demasiado a este agujero negro serán hechas añicos por la diferencia entre las fuerzas gravitatorias en los extremos más lejano y cercano. Sus restos, y el gas que es barrido de las otras estrellas, caerán hacia el agujero negro. Como en el caso de Cygnus X-1, el gas se moverá en espiral hacia dentro y se calentará, aunque no tanto como en aquel caso. No se calentará lo suficiente como para emitir rayos X, pero sí que podría ser una explicación de la fuente enormemente compacta de ondas de radio y de rayos infrarrojos que se observa en el centro de la galaxia.

Se piensa que agujeros negros similares, pero más grandes, con masas de unos cien millones de veces la del Sol, existen en el centro de los *quasars*. La materia que cae en dichos agujeros negros supermasivos proporcionaría la única fuente de potencia lo suficientemente grande como para explicar las enormes cantidades de energía que estos objetos emiten. Cuando la materia cayera en espiral hacia el agujero negro, haría girar a éste en la misma dirección, haciendo que desarrollara un campo magnético parecido al de la Tierra. Partículas de altísimas energías se generarían cerca del agujero negro a causa de la materia que caería. El campo magnético sería tan intenso que podría enfocar a esas partículas en chorros inyectados hacia fuera, a lo largo del eje de rotación del agujero negro, en las direcciones de sus polos norte y sur. Tales chorros son verdaderamente observados en cierto número de galaxias y *quasars*.

También se puede considerar la posibilidad de que pueda haber agujeros negros con masas mucho menores que la del Sol. Estos agujeros negros no podrían formarse por un colapso gravitatorio, ya que sus masas están por debajo del límite de

Chandrasekhar: estrellas de tan poca masa pueden sostenerse a sí mismas contra la fuerza de la gravedad, incluso cuando hayan consumido todo su combustible nuclear. Agujeros negros de poca masa sólo se podrían formar si la materia fuera comprimida a enorme densidad por grandes presiones externas. Tales condiciones podrían ocurrir en una bomba de hidrógeno grandísima: el físico John Wheeler calculó una vez que si se tomara toda el agua pesada de todos los océanos del mundo, se podría construir una bomba de hidrógeno que comprimiría tanto la materia en el centro que se formaría un agujero negro. (¡Desde luego, no quedaría nadie para poderlo observar!) Una posibilidad más práctica es que tales agujeros de poca masa podrían haberse formado en las altas temperaturas y presiones del universo en una fase muy inicial. Los agujeros negros se habrían formado únicamente si el universo inicialmente no hubiera sido liso y uniforme, porque sólo una pequeña región que fuera más densa que la media podría ser comprimida de esta manera para formar un agujero negro. Pero se sabe que deben haber existido algunas irregularidades, porque de lo contrario, hoy en día, la materia en el universo aún estaría distribuida perfectamente uniforme, en vez de estar agrupada formando estrellas y galaxias.

El que las irregularidades requeridas para explicar la existencia de las estrellas y de las galaxias hubieran sido suficientes, o no, para la formación de un número significativo de agujeros negros «primitivos», depende claramente de las condiciones del universo primitivo. Así, si pudiéramos determinar cuántos agujeros negros primitivos existen en la actualidad, aprenderíamos una enorme cantidad de cosas sobre las primeras etapas del universo. Agujeros negros primitivos con masas de más de mil millones de toneladas (la masa de una montaña grande) sólo podrían ser detectados por su influencia gravitatoria sobre la materia visible, o en la expansión del universo. Sin embargo, como aprenderemos en el siguiente capítulo, los agujeros negros no son realmente negros después de todo: irradian como un cuerpo caliente, y cuanto más pequeños son más irradian. Así, paradójicamente, ¡los agujeros negros más pequeños podrían realmente resultar más fáciles de detectar que los grandes!

## Capítulo 7

# LOS AGUJEROS NEGROS NO SON TAN NEGROS

Antes de 1970, mi investigación sobre la relatividad general se había concentrado fundamentalmente en la cuestión de si ha habido o no una singularidad en el *big bang*. Sin embargo, una noche de noviembre de aquel año, justo un poco después del nacimiento de mi hija Lucy, comencé a pensar en los agujeros negros mientras me acostaba. Mi enfermedad convierte esta operación en un proceso bastante lento, de forma que tenía muchísimo tiempo. En aquella época, no existía una definición precisa de qué puntos del espacio-tiempo caen dentro de un agujero negro y cuáles caen fuera. Ya había discutido con Roger Penrose la idea de definir un agujero negro como el conjunto de sucesos desde los que no es posible escapar a una gran distancia, definición que es la generalmente aceptada en la actualidad. Significa que la frontera del agujero negro, el horizonte de sucesos, está formada por los caminos en el espacio-tiempo de los rayos de luz que justamente no consiguen escapar del agujero negro, y que se mueven eternamente sobre esa frontera (figura 7.1). Es algo parecido a correr huyendo de la policía y conseguir mantenerse por delante, pero no ser capaz de escaparse sin dejar rastro.

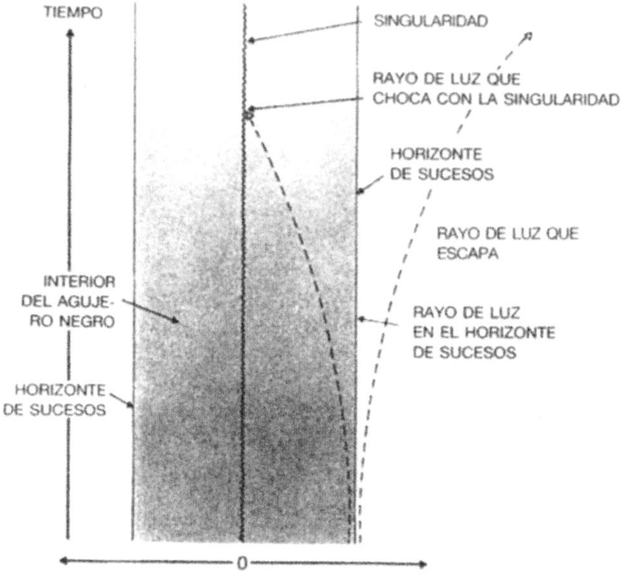


FIGURA 7.1

De repente, comprendí que los caminos de estos rayos de luz nunca podrían aproximarse entre sí. Si lo hicieran, deberían acabar chocando. Sería como encontrarse con algún otro individuo huyendo de la policía en sentido contrario: ¡ambos serían detenidos! (O, en este caso, los rayos de luz caerían en el agujero negro.) Pero si estos rayos luminosos fueran absorbidos por el agujero negro, no podrían haber estado entonces en la frontera del agujero negro. Así, los caminos de los rayos luminosos en el horizonte de sucesos tienen que moverse siempre o paralelos o alejándose entre sí. Otro modo de ver esto es imaginando que el horizonte de sucesos, la frontera del agujero negro, es como el perfil de una sombra (la sombra de la muerte inminente). Si uno se fija en la sombra proyectada por una fuente muy lejana, tal como el Sol, verá que los rayos de luz del perfil no se están aproximando entre sí.

Si los rayos de luz que forman el horizonte de sucesos, la

frontera del agujero negro, nunca pueden acercarse entre ellos, el área del horizonte de sucesos podría o permanecer constante o aumentar con el tiempo, pero nunca podría disminuir, porque esto implicaría que al menos algunos de los rayos de luz de la frontera tendrían que acercarse entre sí. De hecho, el área aumentará siempre que algo de materia o radiación caiga en el agujero negro (figura 7.2). O si dos agujeros negros chocan y se quedan unidos formando un único agujero negro, el área del horizonte de sucesos del agujero negro final será mayor o igual que la suma de las áreas de los horizontes de sucesos de los agujeros negros originales (figura 7.3). Esta propiedad de no disminución del área del horizonte de sucesos produce una restricción importante de los comportamientos posibles de los agu-

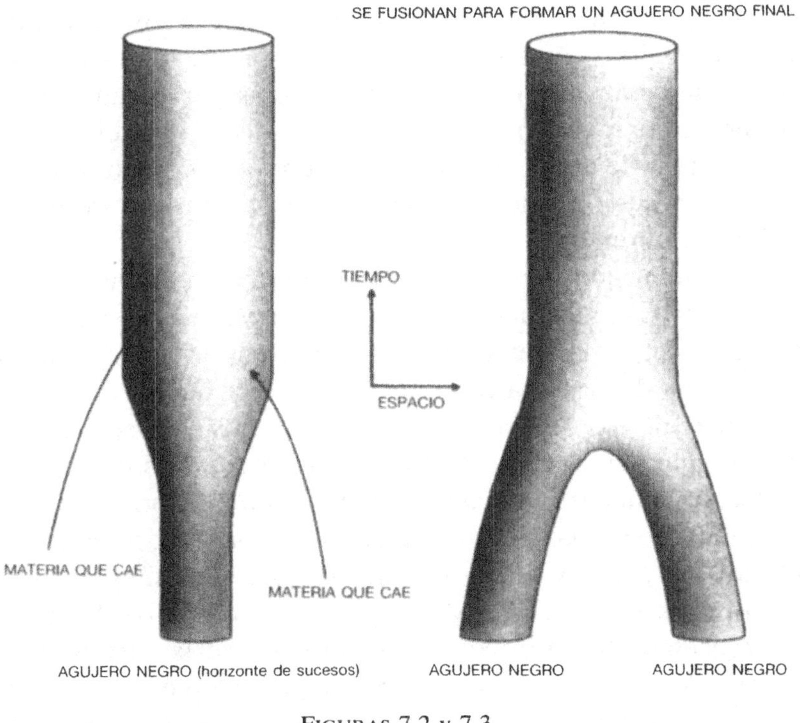


FIGURAS 7.2 y 7.3

jeros negros. Me excitó tanto este descubrimiento que casi no pude dormir aquella noche. Al día siguiente, llamé por teléfono a Roger Penrose. Él estuvo de acuerdo conmigo. Creo que, de hecho, él ya era consciente de esta propiedad del área. Sin embargo, él había estado usando una definición de agujero negro ligeramente diferente. No se había dado cuenta de que las fronteras de los agujeros negros, de acuerdo con las dos definiciones, serían las mismas, por lo que también lo serían sus áreas respectivas, con tal de que el agujero negro se hubiera estabilizado en un estado estacionario en el que no existieran cambios temporales.

El comportamiento no decreciente del área de un agujero negro recordaba el comportamiento de una cantidad física llamada entropía, que mide el grado de desorden de un sistema. Es una cuestión de experiencia diaria que el desorden tiende a aumentar, si las cosas se abandonan a ellas mismas. (¡Uno sólo tiene que dejar de reparar cosas en la casa para comprobarlo!) Se puede crear orden a partir del desorden (por ejemplo, uno puede pintar la casa), pero esto requiere un consumo de esfuerzo o energía, y por lo tanto disminuye la cantidad de energía ordenada obtenible.

Un enunciado preciso de esta idea se conoce como segunda ley de la termodinámica. Dice que la entropía de un sistema aislado siempre aumenta, y que cuando dos sistemas se juntan, la entropía del sistema combinado es mayor que la suma de las entropías de los sistemas individuales. Consideremos, a modo de ejemplo, un sistema de moléculas de gas en una caja. Las moléculas pueden imaginarse como pequeñas bolas de billar chocando continuamente entre sí y con las paredes de la caja. Cuanto mayor sea la temperatura del gas, con mayor rapidez se moverán las partículas y, por lo tanto, con mayor frecuencia e intensidad chocarán contra las paredes de la caja, y mayor presión hacia fuera ejercerán. Supongamos que las moléculas están inicialmente confinadas en la parte izquierda de la caja mediante una pared separadora. Si se quita dicha pared, las moléculas tenderán a expandirse y a ocupar las dos mitades de la caja. En algún instante posterior, todas ellas podrían estar, por azar, en la parte derecha, o, de nuevo, en la mitad izquierda, pero es extremadamente más probable que haya un número aproximadamente igual de moléculas en cada una de las dos mitades. Tal estado es menos ordenado, o más desordenado, que el estado original en el que todas las moléculas estaban en una mitad. Se dice, por eso, que la entropía del gas ha aumentado. De manera análoga, supongamos que se empieza con dos cajas, una que contiene moléculas de oxígeno y la otra moléculas de nitrógeno. Si se juntan las cajas y se quitan las paredes separadoras, las moléculas de oxígeno y de nitrógeno empezarán a mezclarse. Transcurrido cierto tiempo, el estado más probable será una mezcla bastante uniforme de moléculas de oxígeno y nitrógeno en ambas cajas. Este estado estará menos ordenado, y por lo tanto tendrá más entropía que el estado inicial de las dos cajas separadas.

La segunda ley de la termodinámica tiene un *status* algo diferente al de las restantes leyes de la ciencia, como la de la gravedad de Newton por citar un ejemplo, porque no siempre se verifica, aunque sí en la inmensa mayoría de los casos. La probabilidad de que todas las moléculas de gas de nuestra primera caja se encuentren en una mitad, pasado cierto tiempo, es de muchos millones de millones frente a uno, pero puede suceder. Sin embargo, si uno tiene un agujero negro, parece existir una manera más fácil de violar la segunda ley: simplemente lanzando al agujero negro materia con gran cantidad de entropía, como, por ejemplo, una caja de gas. La entropía total de la materia fuera del agujero negro disminuirá. Todavía se podría decir, desde luego, que la entropía total, incluyendo la entropía dentro del agujero negro, no ha disminuido, pero, dado que no hay forma de mirar dentro del agujero negro, no podemos saber cuánta entropía tiene la materia de dentro. Sería entonces interesante que hubiera alguna característica del agujero negro a partir de la cual los observadores, fuera de él, pudieran saber su entropía, y que ésta aumentara siempre que cayera en el agujero negro materia portadora de entropía. Siguiendo el descubrimiento descrito antes (el área del horizonte de sucesos aumenta siempre que caiga materia en un agujero negro), un estudiante de investigación de Princeton, llamado Jacob Bekenstein, sugirió que el área del horizonte de sucesos era una medida de la entropía del agujero negro. Cuando materia portadora de entropía cae en un agujero negro, el área de su horizonte de sucesos aumenta, de tal modo que la suma de la entropía de la materia fuera de los agujeros negros y del área de los horizontes nunca disminuye.

Esta sugerencia parecía evitar el que la segunda ley de la termodinámica fuera violada en la mayoría de las situaciones. Sin embargo, había un error fatal. Si un agujero negro tuviera entropía, entonces también tendría que tener una temperatura. Pero un cuerpo a una temperatura particular debe emitir radiación a un cierto ritmo. Es una cuestión de experiencia común que si se calienta un atizador en el fuego se pone rojo incandescente y emite radiación; los cuerpos a temperaturas más bajas también emiten radiación, aunque normalmente no se aprecia porque la cantidad es bastante pequeña. Se requiere esta radiación para evitar que se viole la segunda ley. Así pues, los agujeros negros deberían emitir radiación. Pero por su propia definición, los agujeros negros son objetos que se supone que no emiten nada. Parece, por lo tanto, que el área de un agujero negro no podría asociarse con su entropía. En 1972, escribí un artículo con Brandon Carter y un colega norteamericano, Jim Bardeen, en el que señalamos que aunque había muchas semejanzas entre entropía y área del horizonte de sucesos, existía esta dificultad aparentemente fatal. Debo admitir que al escribir este artículo estaba motivado, en parte, por mi irritación contra Bekenstein, quien, según yo creía, había abusado de mi descubrimiento del aumento del área del horizonte de sucesos. Pero al final resultó que él estaba básicamente en lo cierto, aunque de una manera que él no podía haber esperado.

En septiembre de 1973, durante una visita mía a Moscú, discutí acerca de agujeros negros con dos destacados expertos soviéticos, Yakov Zeldovich y Alexander Starobinsky. Me convencieron de que, de acuerdo con el principio de incertidumbre de la mecánica cuántica, los agujeros negros en rotación deberían crear y emitir partículas. Acepté sus argumentos por motivos físicos, pero no me gustó el modo matemático cómo habían calculado la emisión. Por esto, emprendí la tarea de idear un tratamiento matemático mejor, que describí en un seminario informal en Oxford, a finales de noviembre de 1973. En aquel momento, aún no había realizado los cálculos para encontrar cuánto se emitiría realmente. Esperaba descubrir exactamente la radiación que Zeldovich y Starobinsky habían predicho para los agujeros negros en rotación. Sin embargo, cuando hice el cálculo, encontré, para mi sorpresa y enfado, que incluso los agujeros negros sin rotación deberían crear partículas a un ritmo estacionario. Al principio pensé que esta emisión indicaba que una de las aproximaciones que había usado no era válida. Tenía miedo de que si Bekenstein se enteraba de esto, lo usara como un nuevo argumento para apoyar su idea acerca de la entropía de los agujeros negros, que aún no me gustaba. No obstante, cuanto más pensaba en ello, más me parecía que las aproximaciones deberían de ser verdaderamente adecuadas. Pero lo que al final me convenció de que la emisión era real fue que el espectro de las partículas emitidas era exactamente el mismo que emitiría un cuerpo caliente, y que el agujero negro emitía partículas exactamente al ritmo correcto, para evitar violaciones de la segunda ley. Desde entonces los cálculos se han repetido de diversas maneras por otras personas. Todas ellas confirman que un agujero negro debería emitir partículas y radiación como si fuera un cuerpo caliente con una temperatura que sólo depende de la masa del agujero negro: cuanto mayor sea la masa, tanto menor será la temperatura.

¿Cómo es posible que un agujero negro parezca emitir partículas cuando sabemos que nada puede escapar de dentro de su horizonte de sucesos? La respuesta, que la teoría cuántica nos da, es que las partículas no provienen del agujero negro, sino del espacio «vacío» justo fuera del horizonte de sucesos del agujero negro. Podemos entender esto de la siguiente manera: lo que consideramos el espacio «vacío» no puede estar totalmente vacío, porque esto significaría que todos los campos, tales como el gravitatorio o el electromagnético, tendrían que ser exactamente cero. Sin embargo, el valor de un campo y su velocidad de cambio con el tiempo son como la posición y la velocidad de una partícula: el principio de incertidumbre implica que cuanto con mayor precisión se conoce una de esas dos magnitudes, con menor precisión se puede saber la otra. Así, en el espacio vacío, el campo no puede estar fijo con valor cero exactamente, porque entonces tendría a la vez un valor preciso (cero) y una velocidad de cambio precisa (también cero). Debe haber una cierta cantidad mínima debido a la incertidumbre, o fluctuaciones cuánticas, del valor del campo. Uno puede imaginarse estas fluctuaciones como pares de partículas de luz o de gravedad que aparecen juntas en un instante determinado, se separan, y luego se vuelven a juntar, aniquilándose entre sí. Estas partículas son partículas virtuales, como las partículas que transmiten la fuerza gravitatoria del Sol: al contrario que las partículas reales, no pueden ser observadas directamente con un detector de partículas. No obstante, sus efectos indirectos, tales como pequeños cambios en las energías de las órbitas electrónicas en los átomos, pueden ser medidos y concuerdan con las predicciones teóricas con un alto grado de precisión. El principio de incertidumbre también predice que habrá pares similares de partículas materiales virtuales, como electrones o *quarks*. En este caso, sin embargo, un miembro del par será una partícula y el otro una antipartícula (las antipartículas de la luz y de la gravedad son las mismas que las partículas).

Como la energía no puede ser creada de la nada, uno de los componentes de un par partícula/antipartícula tendrá energía positiva y el otro energía negativa. El que tiene energía negativa está condenado a ser una partícula virtual de vida muy corta, porque las partículas reales siempre tienen energía positiva en situaciones normales. Debe, por lo tanto, buscar a su pareja y aniquilarse con ella. Pero una partícula real, cerca de un cuerpo masivo, tiene menos energía que si estuviera lejos, porque se necesitaría energía para alejarla en contra de la atracción gravitatoria de ese cuerpo. Normalmente, la energía de la partícula aún sigue siendo positiva, pero el campo gravitatorio dentro de un agujero negro es tan intenso que incluso una partícula real puede tener allí energía negativa. Es, por lo tanto, posible, para la partícula virtual con energía negativa, si está presente un agujero negro, caer en el agujero negro y convertirse en una partícula o antipartícula real. En este caso, ya no tiene que aniquilarse con su pareja. Su desamparado compañero puede caer así mismo en el agujero negro. O, al tener energía positiva, también puede escaparse de las cercanías del agujero negro como una partícula o antipartícula real (figura 7.4). Para un observador lejano, parecerá haber sido emitida desde el agujero negro. Cuanto más pequeño sea el agujero negro, menor será la distancia que la partícula con energía negativa tendrá que recorrer antes de convertirse en un partícula real y, por consiguiente, mayores serán la velocidad de emisión y la temperatura aparente del agujero negro.

La energía positiva de la radiación emitida sería compensada por un flujo hacia el agujero negro de partículas con energía negativa. Por la ecuación de Einstein $E=mc^2$ (en donde $E$ es la energía, $m$, la masa y $c$, la velocidad de la luz), sabemos que la energía es proporcional a la masa. Un flujo de energía negativa hacia el agujero negro reduce, por lo tanto, su masa. Con-

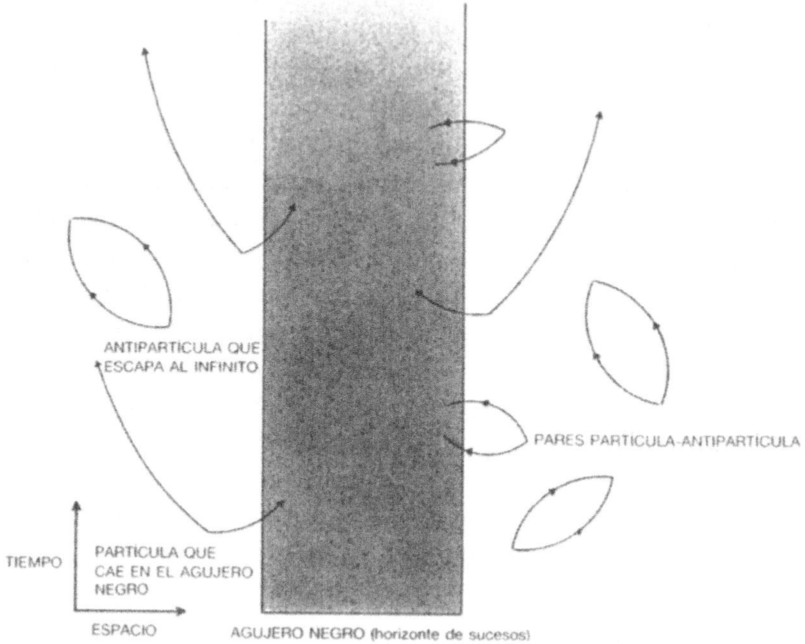


FIGURA 7.4

forme el agujero negro pierde masa, el área de su horizonte de sucesos disminuye, pero la consiguiente disminución de entropía del agujero negro es compensada de sobra por la entropía de la radiación emitida, y, así, la segunda ley nunca es violada.

Además, cuanto más pequeña sea la masa del agujero negro, tanto mayor será su temperatura. Así, cuando el agujero negro pierde masa, su temperatura y su velocidad de emisión aumentan y, por lo tanto, pierde masa con más rapidez. Lo que sucede cuando la masa del agujero negro se hace, con el tiempo, extremadamente pequeña no está claro, pero la suposición más razonable es que desaparecería completamente en una tremenda explosión final de radiación, equivalente a la explosión de millones de bombas H.

Un agujero negro con una masa de unas pocas veces la masa

del Sol tendría una temperatura de sólo diez millonésimas de grado por encima del cero absoluto. Esto es mucho menos que la temperatura de la radiación de microondas que llena el universo (aproximadamente igual a 2.7° por encima del cero absoluto), por lo que tales agujeros negros emitirían incluso menos de lo que absorben. Si el universo está destinado a continuar expandiéndose por siempre, la temperatura de la radiación de microondas disminuirá y con el tiempo será menor que la de un agujero negro de esas características, que entonces empezaría a perder masa. Pero, incluso en ese caso, su temperatura sería tan pequeña que se necesitarían aproximadamente un millón de billones de billones de billones de billones de billones de años (un 1 con sesenta y seis ceros detrás), para que se evaporara completamente. Este período es mucho más largo que la edad del universo que es sólo de unos diez o veinte mil millones de años (un 1 o 2 con diez ceros detrás). Por el contrario, como se mencionó en el capítulo 6, podrían existir agujeros negros primitivos con una masa mucho más pequeña, que se formaron debido al colapso de irregularidades en las etapas iniciales del universo. Estos agujeros negros tendrían una mayor temperatura y emitirían radiación a un ritmo mucho mayor. Un agujero negro primitivo con una masa inicial de mil millones de toneladas tendría una vida media aproximadamente igual a la edad del universo. Los agujeros negros primitivos con masas iniciales menores que la anterior ya se habrían evaporado completamente, pero aquellos con masas ligeramente superiores aún estarían emitiendo radiación en forma de rayos X y rayos gamma. Los rayos X y los rayos gamma son como las ondas luminosas, pero con una longitud de onda más corta. Tales agujeros apenas merecen el apelativo de *negros:* son realmente blancos incandescentes y emiten energía a un ritmo de unos diez mil megavatios.

Un agujero negro de esas características podría hacer funcionar diez grandes centrales eléctricas, si pudiéramos aprovechar su potencia. No obstante, esto sería bastante difícil: ¡el agujero negro tendría una masa como la de una montaña comprimida en menos de una billonésima de centímetro, el tamaño del núcleo de un átomo! Si se tuviera uno de estos agujeros negros en la superficie de la Tierra, no habría forma de conseguir que no se hundiera en el suelo y llegara al centro de la Tierra. Oscilaría a través de la Tierra, en uno y otro sentido, hasta que al final se pararía en el centro. Así, el único lugar para colocar este agujero negro, de manera que se pudiera utilizar la energía que emite, sería en órbita alrededor de la Tierra, y la única forma en que se le podría poner en órbita sería atrayéndolo por medio de una gran masa puesta delante de él, similar a la zanahoria en frente del burro. Esto no parece una propuesta demasiado práctica, al menos en un futuro inmediato.

Pero aunque no podamos aprovechar la emisión de estos agujeros negros primitivos, ¿cuáles son nuestras posibilidades de observarlos? Podríamos buscar los rayos gamma que emiten durante la mayor parte de su existencia. A pesar de que la radiación de la mayor parte de ellos sería muy débil, porque estarían muy lejos, el total de todos ellos sí que podría ser detectable. Podemos observar este fondo de rayos gamma: la figura 7.5 muestra cómo difiere la intensidad observada con la predicha a diferentes frecuencias (el número de ondas por segundo). Sin embargo, este fondo de radiación podría haber sido generado, y probablemente lo fue, por otros procesos distintos a los de los agujeros negros primitivos. La línea a trazos de la figura 7.5 muestra cómo debería variar la intensidad con la frecuencia para rayos gamma producidos por agujeros negros primitivos, si hubiera, por término medio, 300 por año-luz cúbico. Se puede decir, por lo tanto, que las observaciones del fondo de rayos gamma no proporcionan ninguna evidencia *positiva* de la existencia de agujeros negros primitivos, pero nos dicen que no puede haber más de 300 por cada año-luz cúbico en el universo. Este límite implica que los agujeros negros primitivos podrían constituir como mucho la millonésima parte de la materia del universo.

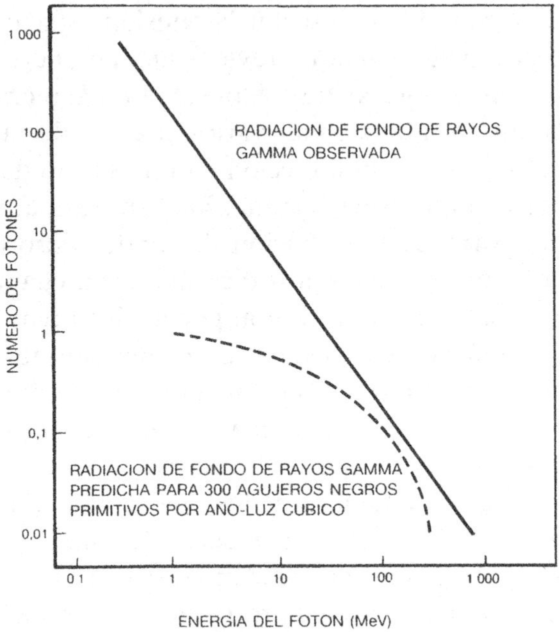


FIGURA 7.5

Al ser los agujeros negros primitivos así de escasos, parecería improbable que existiera uno lo suficientemente cerca de nosotros como para poder ser observado como una fuente individual de rayos gamma. Sin embargo, dado que la gravedad atraería a los agujeros negros hacia la materia, éstos deberían de estar, en general, alrededor y dentro de las galaxias. Así, a pesar de que el fondo de rayos gamma nos dice que no puede haber, por término medio, más de 300 agujeros negros primitivos por año-luz cúbico, no nos dice nada de cuántos puede haber en nuestra propia galaxia. Si hubiera, por ejemplo, un millón de veces más que por término medio, entonces el agujero negro más cercano estaría a una distancia de unos mil millones de kilómetros, o, aproximadamente, a la misma distancia que Plutón, el más lejano de los planetas conocidos. A esta distancia, aún sería muy difícil detectar la emisión estacionaria de un agujero negro, incluso aunque tuviera una potencia de diez mil megavatios. Para asegurar que se observa un agujero negro primitivo se tendrían que detectar varios cuantos de rayos gamma provenientes de la misma dirección en un espacio de tiempo razonable, por ejemplo, una semana. De otra forma, podrían ser simplemente parte de la radiación de fondo. Pero el principio de cuantificación de Planck nos dice que cada cuanto de rayos gamma tiene una energía muy alta, porque los rayos gamma poseen una frecuencia muy elevada, de forma que no se necesitarían muchos cuantos para radiar una potencia de diez mil megavatios. Para observar los pocos cuantos que llegarían desde una distancia como la de Plutón se requeriría un detector de rayos gamma mayor que cualquiera de los que se han construido hasta ahora. Además, el detector debería de estar en el espacio, porque los rayos gamma no pueden traspasar la atmósfera.

Desde luego que si un agujero negro tan cercano como Plutón llegara al final de su existencia y explotara, sería fácil detectar el estallido final de radiación. Pero si el agujero negro ha estado emitiendo durante los últimos diez o veinte mil millones de años, la probabilidad de que llegue al final de su vida durante los próximos años, en vez de que lo hubiera hecho hace millones de años, o de que lo hiciera dentro de millones de años, es bastante pequeña. Así para poder tener una probabilidad razonable de ver una explosión antes de que la beca de investigación se nos acabe, tendremos que encontrar un modo de detectar cualquier explosión que ocurra a menos de un año-luz. Aún se necesitaría disponer de un gran detector de rayos gamma para poder observar varios cuantos de rayos gamma provenientes de la explosión. En este caso, sin embargo, no sería necesario determinar que todos los cuantos vienen de la misma dirección: sería suficiente observar que todos llegan en un intervalo de tiempo muy corto, para estar razonablemente seguros de que todos provienen de la misma explosión.

Un detector de rayos gamma capaz de encontrar agujeros negros primitivos es la atmósfera terrestre entera. (De cualquier modo, ¡es improbable que seamos capaces de construir un detector mayor!) Cuando un cuanto de rayos gamma de alta energía choca con los átomos de nuestra atmósfera crea pares de electrones y positrones (antielectrones). Cuando éstos chocan con otros átomos, crean a su vez más pares de electrones y positrones, de forma que se obtiene lo que se llama una lluvia de electrones. El resultado es una forma de luz conocida como radiación de Cherenkov. Se pueden, por lo tanto, detectar impactos de rayos gamma buscando destellos luminosos en el cielo nocturno. Por supuesto que existen diversidad de fenómenos distintos, como rayos de tormentas y reflexiones de la luz solar en satélites orbitales y desechos espaciales, que también dan lugar a destellos en el cielo. Los impactos de rayos gamma se pueden distinguir de estos efectos observando los destellos en dos o más lugares ampliamente separados. Una investigación de este tipo fue llevada a cabo por dos científicos de Dublín, Neil Porter y Trevor Weekes, que usaron telescopios en Arizona. Encontraron cierto número de destellos, pero ninguno que pudiera ser asociado, sin lugar a dudas, a impactos de rayos gamma provenientes de agujeros negros primitivos.

Aunque la búsqueda de agujeros negros primitivos resulte negativa, como parece ser que puede ocurrir, aún nos dará una valiosa información acerca de los primeros instantes del universo. Si el universo primitivo hubiese sido caótico o irregular, o si la presión de la materia hubiese sido baja, se habría esperado que se produjeran muchos más agujeros negros primitivos que el límite ya establecido por nuestras observaciones de la radiación de fondo de rayos gamma. Sólo el hecho de que el universo primitivo fuera muy regular y uniforme, con una alta presión, puede explicar la ausencia de una cantidad observable de agujeros negros primitivos.

La idea de la existencia de radiación proveniente de agujeros negros fue el primer ejemplo de una predicción que dependía de un modo esencial de las dos grandes teorías de nuestro siglo, la relatividad general y la mecánica cuántica. Al principio, levantó una fuerte oposición porque trastocó el punto de vista existente: «¿cómo puede un agujero negro emitir algo?». Cuando anuncié por primera vez los resultados de mis cálculos en una conferencia dada en el laboratorio Rutherford-Appleton, en las cercanías de Oxford, fui recibido con gran incredulidad. Al final de la charla, el presidente de la sesión, John G. Taylor del Kings College de Londres, afirmó que mis resultados no tenían ningún sentido. Incluso escribió un artículo en esta línea. No obstante, al final, la mayor parte de los científicos, incluido John Taylor, han llegado a la conclusión de que los agujeros negros deben radiar igual que cuerpos calientes, si todas nuestras otras ideas acerca de la relatividad general y de la mecánica cuántica son correctas. Así, a pesar de que aún no hemos conseguido encontrar un agujero negro primitivo, existe un consenso bastante general de que si lo encontráramos tendría que estar emitiendo una gran cantidad de rayos gamma y de rayos X.

La existencia de radiación proveniente de agujeros negros parece implicar que el colapso gravitatorio no es tan definitivo e irreversible como se creyó. Si un astronauta cae en un agujero negro, la masa de éste aumentará, pero con el tiempo la energía equivalente a esa masa será devuelta al universo en forma de radiación. Así, en cierto sentido, el astronauta será «reciclado». Sería, de cualquier manera, un tipo irrelevante de inmortalidad, ¡porque cualquier sensación personal de tiempo del astronauta se habría acabado, casi seguro, al ser éste despedazado dentro del agujero negro! Incluso los tipos de partículas que fueran emitidos finalmente por el agujero negro serían en general diferentes de aquellos que formaban parte del astronauta: la única característica del astronauta que sobreviviría sería su masa o energía.

Las aproximaciones que usé para derivar la emisión de agujeros negros deben de ser válidas cuando el agujero negro tiene una masa mayor que una fracción de un gramo. A pesar de ello, fallarán al final de la vida del agujero negro cuando su masa se haga muy pequeña. El resultado más probable parece que será que el agujero negro simplemente desaparecerá, al menos de nuestra región del universo, llevándose con él al astronauta y a cualquier singularidad que pudiera contener, si en verdad hay alguna. Esto fue la primera indicación de que la mecánica cuántica podría eliminar las singularidades predichas por la teoría de la relatividad. Sin embargo, los métodos que otros científicos y yo utilizábamos en 1974 no eran capaces de responder a cuestiones como la de si debían existir singularidades en la gravedad cuántica. A partir de 1975, comencé a desarrollar una aproximación más potente a la gravedad cuántica basada en la idea de Feynman de suma sobre las historias posibles. Las respuestas que esta aproximación sugiere para el origen y destino del universo y de sus contenidos, tales como astronautas, serán descritas en los dos capítulos siguientes. Se verá que, aunque el principio de incertidumbre establece limitaciones sobre la precisión de nuestras predicciones, podría al mismo tiempo eliminar la incapacidad de predicción de carácter fundamental que ocurre en una singularidad del espacio-tiempo.

# Capítulo 8

# EL ORIGEN Y EL DESTINO DEL UNIVERSO

La teoría de la relatividad general de Einstein, por sí sola, predijo que el espacio-tiempo comenzó en la singularidad del *big bang* y que iría hacia un final, bien en la singularidad del *big crunch* ['gran crujido', 'implosión'] (si el universo entero se colapsase de nuevo) o bien en una singularidad dentro de un agujero negro (si una región local, como una estrella, fuese a colapsarse). Cualquier materia que cayese en el agujero sería destruida en la singularidad, y solamente el efecto gravitatorio de su masa continuaría sintiéndose afuera. Por otra parte, teniendo en cuenta los efectos cuánticos parece que la masa o energía de la materia tendría que ser devuelta finalmente al resto del universo, y que el agujero negro, junto con cualquier singularidad dentro de él, se evaporaría y por último desaparecería. ¿Podría la mecánica cuántica tener un efecto igualmente espectacular sobre las singularidades del *big bang* y del *big crunch*? ¿Qué ocurre realmente durante las etapas muy tempranas o muy tardías del universo, cuando los campos gravitatorios son tan fuertes que los efectos cuánticos no pueden ser ignorados? ¿Tiene de hecho el universo un principio y un final? Y si es así, ¿cómo son?

Durante la década de los setenta me dediqué principalmente a estudiar los agujeros negros, pero en 1981 mi interés por cuestiones acerca del origen y el destino del universo se despertó de nuevo cuando asistí a una conferencia sobre cosmología, organizada por los jesuitas en el Vaticano. La Iglesia católica había cometido un grave error con Galileo, cuando trató de sentar cátedra en una cuestión de ciencia, al declarar que el Sol se movía alrededor de la Tierra. Ahora, siglos después, había decidido invitar a un grupo de expertos para que la asesorasen sobre cosmología. Al final de la conferencia, a los participantes se nos concedió una audiencia con el Papa. Nos dijo que estaba bien estudiar la evolución del universo después del *big bang*, pero que no debíamos indagar en el *big bang* mismo, porque se trataba del momento de la Creación y por lo tanto de la obra de Dios. Me alegré entonces de que no conociese el tema de la charla que yo acababa de dar en la conferencia: la posibilidad de que el espacio-tiempo fuese finito pero no tuviese ninguna frontera, lo que significaría que no hubo ningún principio, ningún momento de Creación. ¡Yo no tenía ningún deseo de compartir el destino de Galileo, con quien me siento fuertemente identificado en parte por la coincidencia de haber nacido exactamente 300 años después de su muerte!

Para explicar las ideas que yo y otras personas hemos tenido acerca de cómo la mecánica cuántica puede afectar al origen y al destino del universo, es necesario entender primero la historia generalmente aceptada del universo, de acuerdo con lo se conoce como «modelo del *big bang* caliente». Este modelo supone que el universo se describe mediante un modelo de Friedmann, justo desde el mismo *big bang*. En tales modelos se demuestra que, conforme el universo se expande, toda materia o radiación existente en él se enfría. (Cuando el universo duplica su tamaño, su temperatura se reduce a la mitad.) Puesto que la temperatura es simplemente una medida de la energía, o de la velocidad promedio de las partículas, ese enfriamiento del universo tendría un efecto de la mayor importancia sobre la materia existente dentro de él. A temperaturas muy altas, las partículas se estarían moviendo tan deprisa que podrían vencer cualquier atracción entre ellas debida a fuerzas nucleares o electromagnéticas, pero a medida que se produjese el enfriamiento se esperaría que las partículas se atrajesen unas a otras hasta comenzar a agruparse juntas. Además, incluso los tipos de partículas que existiesen en el universo dependerían de la temperatura. A temperaturas suficientemente altas, las partículas tendrían tanta energía que cada vez que colisionasen se producirían muchos pares partícula/antipartícula diferentes, y aunque algunas de estas partículas se aniquilarían al chocar con antipartículas, se producirían más rápidamente de lo que podrían aniquilarse. A temperaturas más bajas, sin embargo, cuando las partículas que colisionasen tuvieran menos energía, los pares partícula/antipartícula se producirían menos rápidamente, y la aniquilación sería más rápida que la producción.

Justo en el mismo *big bang*, se piensa que el universo tuvo un tamaño nulo, y por tanto que estuvo infinitamente caliente. Pero, conforme el universo se expandía, la temperatura de la radiación disminuía. Un segundo después del *big bang*, la temperatura habría descendido alrededor de diez mil millones de grados. Eso representa unas mil veces la temperatura en el centro del Sol, pero temperaturas tan altas como ésa se alcanzan en las explosiones de las bombas H. En ese momento, el universo habría contenido fundamentalmente fotones, electrones, neutrinos (partículas extremadamente ligeras que son afectadas únicamente por la fuerza débil y por la gravedad) y sus antipartículas, junto con algunos protones y neutrones. A medida que el universo continuaba expandiéndose y la temperatura descendiendo, el ritmo al que los pares electrón/antielectrón estaban siendo producidos en las colisiones habría descendido por debajo del ritmo al que estaban siendo destruidos por aniquilación. Así, la mayor parte de los electrones y los antielectrones se habrían aniquilado mutuamente para producir más fotones, quedando solamente unos pocos electrones. Los neutrinos y los antineutrinos, sin embargo, no se habrían aniquilado unos a otros, porque estas partículas interaccionan entre ellas y con otras partículas muy débilmente. Por lo tanto, todavía hoy deberían estar por ahí. Si pudiésemos observarlos, ello proporcionaría una buena prueba de esta imagen de una temprana etapa muy caliente del universo. Desgraciadamente, sus energías serían actualmente demasiado bajas para que los pudiésemos observar directamente. No obstante, si los neutrinos no carecen de masa, sino que tienen una masa propia pequeña, como en 1981 sugirió un experimento ruso no confirmado, podríamos ser capaces de detectarlos indirectamente: los neutrinos podrían ser una forma de «materia oscura», como la mencionada anteriormente, con suficiente atracción gravitatoria como para detener la expansión del universo y provocar que se colapsase de nuevo.

Alrededor de cien segundos después del *big bang*, la temperatura habría descendido a mil millones de grados, que es la temperatura en el interior de las estrellas más calientes. A esta temperatura protones y neutrones no tendrían ya energía suficiente para vencer la atracción de la interacción nuclear fuerte, y habrían comenzado a combinarse juntos para producir los núcleos de átomos de deuterio (hidrógeno pesado), que contienen un protón y un neutrón. Los núcleos de deuterio se habrían combinado entonces con más protones y neutrones para formar núcleos de helio, que contienen dos protones y dos neutrones, y también pequeñas cantidades de un par de elementos más pesados, litio y berilio. Puede calcularse que en el modelo de *big bang* caliente, alrededor de una cuarta parte de los protones y los neutrones se habría convertido en núcleos de helio, junto con una pequeña cantidad de hidrógeno pesado y de otros elementos. Los restantes neutrones se habrían desintegrado en protones, que son los núcleos de los átomos de hidrógeno ordinarios.

Esta imagen de una etapa temprana caliente del universo la propuso por primera vez el científico George Gamow en un famoso artículo escrito en 1948 con un alumno suyo, Ralph Alpher. Gamow tenía bastante sentido del humor; persuadió al científico nuclear Hans Bethe para que añadiese su nombre al artículo y así hacer que la lista de autores fuese «Alpher, Bethe, Gamow», como las tres primeras letras del alfabeto griego: alfa, beta, gamma. ¡Particularmente apropiado para un artículo sobre el principio del universo! En ese artículo, hicieron la notable predicción de que la radiación (en forma de fotones) procedente de las etapas tempranas muy calientes del universo debe permanecer todavía hoy, pero con su temperatura reducida a sólo unos pocos grados por encima del cero absoluto (−273 °C). Fue esta radiación la que Penzias y Wilson encontraron en 1965. En la época en que Alpher, Bethe y Gamow escribieron su artículo, no se sabía mucho acerca de las reacciones nucleares de protones y neutrones. Las predicciones hechas sobre las proporciones de los distintos elementos en el universo primitivo eran, por tanto, bastante inexactas, pero esos cálculos han sido repetidos a la luz de un conocimiento mejor de las reacciones nucleares, y ahora coinciden muy bien con lo que observamos. Resulta, además, muy difícil explicar de cualquier otra manera por qué hay tanto helio en el universo. Estamos, por consiguiente, bastante seguros de que tenemos la imagen correcta, al menos a partir de aproximadamente un segundo después del *big bang*.

Tan sólo unas horas después del *big bang* la producción de helio y de otros elementos se habría detenido. Después, durante el siguiente millón de años, más o menos, el universo habría continuado expandiéndose, sin que ocurriese mucho más. Finalmente, una vez que la temperatura hubiese descendido a unos pocos miles de grados y los electrones y los núcleos no tuviesen ya suficiente energía para vencer la atracción electromagnética entre ellos, éstos habrían comenzado a combinarse para formar átomos. El universo en conjunto habría seguido expandiéndose y enfriándose, pero en regiones que fuesen ligeramente más densas que la media la expansión habría sido retardada por la atracción gravitatoria extra. Ésta habría detenido finalmente la expansión en algunas regiones, y habría provocado que comenzasen a colapsar de nuevo. Conforme se estuviesen colapsando, el tirón gravitatorio debido a la materia fuera de estas regiones podría empezar a hacerlas girar ligeramente. A medida que la región colapsante se hiciese más pequeña, daría vueltas sobre sí misma cada vez más deprisa, exactamente de la misma forma que los patinadores dando vueltas sobre el hielo giran más deprisa cuando encogen sus brazos. Finalmente, cuando la región se hiciera suficientemente pequeña, estaría girando lo suficientemente deprisa como para compensar la atracción de la gravedad, y de este modo habrían nacido las galaxias giratorias en forma de disco. Otras regiones, que por algún azar no hubieran adquirido rotación, se convertirían en objetos ovalados llamados galaxias elípticas. En éstas, la región dejaría de colapsarse porque partes individuales de la galaxia estarían girando de forma estable alrededor de su centro, aunque la galaxia en su conjunto no tendría rotación.

A medida que el tiempo transcurriese, el gas de hidrógeno y helio de las galaxias se disgregaría en nubes más pequeñas que comenzarían a colapsarse debido a su propia gravedad. Conforme se contrajesen y los átomos dentro de ellas colisionasen unos con otros, la temperatura del gas aumentaría, hasta que finalmente estuviese lo suficientemente caliente como para iniciar reacciones de fusión nuclear. Estas reacciones convertirían el hidrógeno en más helio, y el calor desprendido aumentaría la presión, lo que impediría a las nubes seguir contrayéndose. Esas nubes permanecerían estables en ese estado durante mucho tiempo, como estrellas del tipo de nuestro Sol, quemando hidrógeno para formar helio e irradiando la energía resultante en forma de calor y luz. Las estrellas con una masa mayor necesitarían estar más calientes para compensar su atracción gravitatoria más intensa, lo que haría que las reacciones de fusión nuclear se produjesen mucho más deprisa, tanto que consumirían su hidrógeno en un tiempo tan corto como cien millones de años. Se contraerían entonces ligeramente, y, al calentarse más, empezarían a convertir el helio en elementos más pesados como carbono u oxígeno. Esto, sin embargo, no liberaría mucha más energía, de modo que se produciría una crisis, como se describió en el capítulo sobre los agujeros negros. Lo que sucedería a continuación no está completamente claro, pero parece probable que las regiones centrales de la estrella colapsarían hasta un estado muy denso, tal como una estrella de neutrones o un agujero negro. Las regiones externas de la estrella podrían a veces ser despedidas en una tremenda explosión, llamada supernova, que superaría en brillo a todas las demás estrellas juntas de su galaxia. Algunos de los elementos más pesados producidos hacia el final de la vida de la estrella serían arrojados de nuevo al gas de la galaxia, y proporcionarían parte de la materia prima para la próxima generación de estrellas. Nuestro propio Sol contiene alrededor de un 2 por 100 de esos elementos más pesados, ya que es una estrella de la segunda o tercera generación, formada hace unos cinco mil millones de años a partir de una nube giratoria de gas que contenía los restos de supernovas anteriores. La mayor parte del gas de esa nube o bien sirvió para formar el Sol o bien fue arrojada fuera, pero una pequeña cantidad de los elementos más pesados se acumularon juntos para formar los cuerpos que ahora giran alrededor del Sol como planetas al igual que la Tierra.

La Tierra estaba inicialmente muy caliente y sin atmósfera. Con el transcurso del tiempo se enfrió y adquirió una atmósfera mediante la emisión de gases de las rocas. En esa atmósfera primitiva no habríamos podido sobrevivir. No contenía nada de oxígeno, sino una serie de otros gases que son venenosos para nosotros, como el sulfuro de hidrógeno (el gas que da a los huevos podridos su olor característico). Hay, no obstante, otras formas de vida primitivas que sí podrían prosperar en tales condiciones. Se piensa que éstas se desarrollaron en los océanos, posiblemente como resultado de combinaciones al azar de átomos en grandes estructuras, llamadas macromoléculas, las cuales eran capaces de reunir otros átomos del océano para formar estructuras similares. Entonces, éstas se habrían reproducido y multiplicado. En algunos casos habría errores en la reproducción. La mayoría de esos errores habrían sido tales que la nueva macromolécula no podría reproducirse a sí misma, y con el tiempo habría sido destruida. Sin embargo, unos pocos de esos errores habrían producido nuevas macromoléculas que serían incluso mejores para reproducirse a sí mismas. Éstas habrían tenido, por tanto, ventaja, y habrían tendido a reemplazar a las macromoléculas originales. De este modo, se inició un proceso de evolución que conduciría al desarrollo de organismos autorreproductores cada vez más complicados. Las primeras formas primitivas de vida consumirían diversos materiales, incluyendo sulfuro de hidrógeno, y desprenderían oxígeno. Esto cambió gradualmente la atmósfera, hasta llegar a la composición que tiene hoy día, y permitió el desarrollo de formas de vida superiores, como los peces, reptiles, mamíferos y, por último, el género humano.

Esta visión de un universo que comenzó siendo muy caliente y se enfriaba a medida que se expandía está de acuerdo con la evidencia de las observaciones que poseemos en la actualidad. Sin embargo, deja varias cuestiones importantes sin contestar:

1) ¿Por qué estaba el universo primitivo tan caliente?

2) ¿Por qué es el universo tan uniforme a gran escala? ¿Por qué parece el mismo en todos los puntos del espacio y en todas las direcciones? En particular, ¿por qué la temperatura de la radiación de fondo de microondas es tan aproximadamen-

te igual cuando miramos en diferentes direcciones? Es como hacer a varios estudiantes una pregunta de examen. Si todos ellos dan exactamente la misma respuesta, se puede estar seguro de que se han copiado entre sí. Sin embargo, en el modelo descrito anteriormente, no habría habido tiempo suficiente a partir del *big bang* para que la luz fuese desde una región distante a otra, incluso aunque las regiones estuviesen muy juntas en el universo primitivo. De acuerdo con la teoría de la relatividad, si la luz no es lo suficientemente rápida como para llegar de una región a otra, ninguna otra información puede hacerlo. Así no habría ninguna forma en la que diferentes regiones del universo primitivo pudiesen haber llegado a tener la misma temperatura, salvo que por alguna razon inexplicada comenzasen ya a la misma temperatura.

3) ¿Por qué comenzó el universo con una velocidad de expansión tan próxima a la velocidad crítica que separa los modelos que se colapsan de nuevo de aquellos que se expansionan indefinidamente, de modo que incluso ahora, diez mil millones de años después, está todavía expandiéndose aproximadamente a la velocidad crítica? Si la velocidad de expansión un segundo después del *big bang* hubiese sido menor, incluso en una parte, en cien mil billones, el universo se habría colapsado de nuevo antes de que hubiese alcanzado nunca su tamaño actual.

4) A pesar de que el universo sea tan uniforme y homogéneo a gran escala, contiene irregularidades locales, tales como estrellas y galaxias. Se piensa que éstas se han desarrollado a partir de pequeñas diferencias de una región a otra en la densidad del universo primitivo. ¿Cuál fue el origen de esas fluctuaciones de densidad?

La teoría de la relatividad general, por sí misma, no puede explicar esas características o responder a esas preguntas, debido a su predicción de que el universo comenzó con una densidad infinita en la singularidad del *big bang*. En la singularidad, la relatividad general y todas las demás leyes físicas fallarían: no se podría predecir qué saldría de la singularidad. Como se ha explicado anteriormente, esto significa que se podrían excluir de la teoría el *big bang* y todos los sucesos anteriores a él, ya que no pueden tener ningún efecto sobre lo que nosotros observamos. El espacio-tiempo *tendría* una frontera, un comienzo en el *big bang*.

La ciencia parece haber descubierto un conjunto de leyes que, dentro de los límites establecidos por el principio de incertidumbre, nos dicen cómo evolucionará el universo en el tiempo si conocemos su estado en un momento cualquiera. Estas leyes pueden haber sido dictadas originalmente por Dios, pero parece que él ha dejado evolucionar al universo desde entonces de acuerdo con ellas, y que él ya no interviene. Pero, ¿cómo eligió Dios el estado o la configuración inicial del universo? ¿Cuáles fueron las «condiciones de contorno» en el principio del tiempo?

Una posible respuesta consiste en decir que Dios eligió la configuración inicial del universo por razones que nosotros no podemos esperar comprender. Esto habría estado ciertamente dentro de las posibilidades de un ser omnipotente, pero si lo había iniciado de una forma incomprensible, ¿por qué eligió dejarlo evolucionar de acuerdo con leyes que nosotros podíamos entender? Toda la historia de la ciencia ha consistido en una comprensión gradual de que los hechos no ocurren de una forma arbitraria, sino que reflejan un cierto orden subyacente, el cual puede estar o no divinamente inspirado. Sería sencillamente natural suponer que este orden debería aplicarse no sólo a las leyes, sino también a las condiciones en la frontera del espacio-tiempo que especificarían el estado inicial del universo. Puede haber un gran número de modelos del universo con diferentes condiciones iniciales, todos los cuales obedecen las leyes. Debería haber algún principio que escogiera un estado inicial, y por lo tanto un modelo, para representar nuestro universo.

Una posibilidad es lo que se conoce como condiciones de contorno caóticas. Éstas suponen implícitamente o bien que el universo es espacialmente infinito o bien que hay infinitos universos. Bajo condiciones de contorno caóticas, la probabilidad de encontrar una región particular cualquiera del espacio en una configuración dada cualquiera, justo después del *big bang*, es la misma, en cierto sentido, que la probabilidad de encontrarla en cualquier otra configuración: el estado inicial del universo se elige puramente al azar. Esto significaría que el universo primitivo habría sido probablemente muy caótico e irregular, debido a que hay muchas más configuraciones del universo caóticas y desordenadas que uniformes y ordenadas. (Si cada configuración es igualmente probable, es verosímil que el universo comenzase en un estado caótico y desordenado, simplemente porque abundan mucho más estos estados.) Es difícil entender cómo tales condiciones caóticas iniciales podrían haber dado lugar a un universo que es tan uniforme y regular a gran escala, como lo es actualmente el nuestro. Se esperaría, también, que las fluctuaciones de densidad en un modelo de este tipo hubiesen conducido a la formación de muchos más agujeros negros primitivos que el límite superior, que ha sido establecido mediante las observaciones de la radiación de fondo de rayos gamma.

Si el universo fuese verdaderamente infinito espacialmente, o si hubiese infinitos universos, habría probablemente en alguna parte algunas grandes regiones que habrían comenzado de una manera suave y uniforme. Es algo parecido al bien conocido ejemplo de la horda de monos martilleando sobre máquinas de escribir; la mayor parte de lo que escriben será desperdicio, pero muy ocasionalmente, por puro azar, imprimirán uno de los sonetos de Shakespeare. De forma análoga, en el caso del universo, ¿podría ocurrir que nosotros estuviésemos viviendo en una región que simplemente, por casualidad, es suave y uniforme? A primera vista esto podría parecer muy improbable, porque tales regiones suaves serían superadas en gran número por las regiones caóticas e irregulares. Sin embargo, supongamos que sólo en las regiones lisas se hubiesen formado galaxias y estrellas, y hubiese las condiciones apropiadas para el desarrollo de complicados organismos autorreproductores, como nosotros mismos, que fuesen capaces de hacerse la pregunta: ¿por qué es el universo tan liso? Esto constituye un ejemplo de aplicación de lo que se conoce como el principio antrópico, que puede parafrasearse en la forma «vemos el universo en la forma que es porque nosotros existimos».

Hay dos versiones del principio antrópico, la débil y la fuerte. El principio antrópico débil dice que en un universo que es grande o infinito en el espacio y/o en el tiempo, las condiciones necesarias para el desarrollo de vida inteligente se darán solamente en ciertas regiones que están limitadas en el tiempo y en el espacio. Los seres inteligentes de estas regiones no deben, por lo tanto, sorprenderse si observan que su localización en el universo satisface las condiciones necesarias para su existencia. Es algo parecido a una persona rica que vive en un entorno acaudalado sin ver ninguna pobreza.

Un ejemplo del uso del principio antrópico débil consiste en «explicar» por qué el *big bang* ocurrió hace unos diez mil millones de años: se necesita aproximadamente ese tiempo para que se desarrollen seres inteligentes. Como se explicó anteriormente, para llegar a donde estamos tuvo que formarse primero una generación previa de estrellas. Estas estrellas convirtieron una parte del hidrógeno y del helio originales en elementos como carbono y oxígeno, a partir de los cuales estamos hechos nosotros. Las estrellas explotaron luego como supernovas, y sus despojos formaron otras estrellas y planetas, entre ellos los de nuestro sistema solar, que tiene alrededor de cinco mil millones de años. Los primeros mil o dos mil millones de años de la existencia de la Tierra fueron demasiado calientes para el desarrollo de cualquier estructura complicada. Los aproximadamente tres mil millones de años restantes han estado dedicados al lento proceso de la evolución biológica, que ha conducido desde los organismos más simples hasta seres que son capaces de medir el tiempo transcurrido desde el *big bang*.

Poca gente protestaría de la validez o utilidad del principio antrópico débil. Algunos, sin embargo, van mucho más allá y proponen una versión fuerte del principio. De acuerdo con esta nueva teoría, o hay muchos universos diferentes, o muchas regiones diferentes de un único universo, cada uno/a con su propia configuración inicial y, tal vez, con su propio conjunto de leyes de la ciencia. En la mayoría de estos universos, las condiciones no serían apropiadas para el desarrollo de organismos complicados; solamente en los pocos universos que son como el nuestro se desarrollarían seres inteligentes que se harían la siguiente pregunta: ¿por qué es el universo como lo vemos? La respuesta, entonces, es simple: si hubiese sido diferente, ¡nosotros no estaríamos aquí!

Las leyes de la ciencia, tal como las conocemos actualmente, contienen muchas cantidades fundamentales, como la magnitud de la carga eléctrica del electrón y la relación entre las masas del protón y del electrón. Nosotros no podemos, al menos por el momento, predecir los valores de esas cantidades a partir de la teoría; tenemos que hallarlos mediante la observación. Puede ser que un día descubramos una teoría unificada completa que prediga todas esas cantidades, pero también es posible que algunas, o todas ellas, varíen de un universo a otro, o dentro de uno único. El hecho notable es que los valores de esas cantidades parecen haber sido ajustados sutilmente para hacer posible el desarrollo de la vida. Por ejemplo, si la carga eléctrica del electrón hubiese sido sólo ligeramente diferente, las estrellas, o habrían sido incapaces de quemar hidrógeno y helio, o, por el contrario, no habrían explotado. Por supuesto, podría haber otras formas de vida inteligente, no imaginadas ni siquiera por los escritores de ciencia ficción, que no necesitasen la luz de una estrella como el Sol o los elementos químicos más pesados que son fabricados en las estrellas y devueltos al espacio cuando éstas explotan. No obstante, parece evidente que hay relativamente pocas gamas de valores para las cantidades citadas, que permitirían el desarrollo de cualquier forma de vida inteligente. La mayor parte de los conjuntos de valores darían lugar a universos que, aunque podrían ser muy hermosos, no podrían contener a nadie capaz de maravillarse de esa belleza. Esto puede tomarse o bien como prueba de un propósito divino en la Creación y en la elección de las leyes de la ciencia, o bien como sostén del principio antrópico fuerte.

Pueden ponerse varias objeciones a este principio como explicación del estado observado del universo. En primer lugar, ¿en qué sentido puede decirse que existen todos esos universos diferentes? Si están realmente separados unos de otros, lo que ocurra en otro universo no puede tener ninguna consecuencia observable en el nuestro. Debemos, por lo tanto, utilizar el principio de economía y eliminarlos de la teoría. Si, por otro lado, hay diferentes regiones de un único universo, las leyes de la ciencia tendrían que ser las mismas en cada región, porque de otro modo uno no podría moverse con continuidad de una región a otra. En este caso las únicas diferencias entre las regiones estarían en sus configuraciones iniciales, y, por lo tanto, el principio antrópico fuerte se reduciría al débil.

Una segunda objeción al principio antrópico fuerte es que va contra la corriente de toda la historia de la ciencia. Hemos evolucionado desde las cosmologías geocéntricas de Ptolomeo y sus antecesores, a través de la cosmología heliocéntrica de Copérnico y Galileo, hasta la visión moderna, en la que la Tierra es un planeta de tamaño medio que gira alrededor de una estrella corriente en los suburbios exteriores de una galaxia espiral ordinaria, la cual, a su vez, es solamente una entre el billón de galaxias del universo observable. A pesar de ello, el principio antrópico fuerte pretendería que toda esa vasta construcción existe simplemente para nosotros. Eso es muy difícil de creer. Nuestro sistema solar es ciertamente un requisito previo para nuestra existencia, y esto se podría extender al conjunto de nuestra galaxia, para tener en cuenta la necesidad de una generación temprana de estrellas que creasen los elementos más pesados. Pero no parece haber ninguna necesidad ni de todas las otras galaxias ni de que el universo sea tan uniforme y similar, a gran escala, en todas las direcciones.

Uno podría sentirse más satisfecho con el principio antrópico, al menos en su versión débil, si se pudiese probar que un buen número de diferentes configuraciones iniciales del universo habrían evolucionado hasta producir un universo como el que observamos. Si este fuese el caso, un universo que se desarrollase a partir de algún tipo de condiciones iniciales aleatorias debería contener varias regiones que fuesen suaves y uniformes y que fuesen adecuadas para la evolución de vida inteligente. Por el contrario, si el estado inicial del universo tuvo que ser elegido con extremo cuidado para conducir a una situación como la que vemos a nuestro alrededor, sería improbable que el universo contuviese *alguna* región en la que apareciese la vida. En el modelo del *big bang* caliente descrito anteriormente, no hubo tiempo suficiente para que el calor fluyese de una región a otra en el universo primitivo. Esto significa que en el estado inicial del universo tendría que haber habido exactamente la misma temperatura en todas partes, para explicar el hecho de que la radiación de fondo de microondas tenga la misma temperatura en todas las direcciones en que miremos. La velocidad de expansión inicial también tendría que haber sido elegida con mucha precisión, para que la velocidad de expansión fuese todavía tan próxima a la velocidad crítica necesaria para evitar colapsar de nuevo. Esto quiere decir que, si el modelo del *big bang* caliente fuese correcto desde el principio del tiempo, el estado inicial del universo tendría que haber sido elegido verdaderamente con mucho cuidado. Sería muy difícil explicar por qué el universo debería haber comenzado justamente de esa manera, excepto si lo consideramos como el acto de un Dios que pretendiese crear seres como nosotros.

En un intento de encontrar un modelo del universo en el cual muchas configuraciones iniciales diferentes pudiesen haber evolucionado hacia algo parecido al universo actual, un científico del Instituto Tecnológico de Massachusetts, Alan Guth, sugirió que el universo primitivo podría haber pasado por un período de expansión muy rápida. Esta expansión se llamaría «inflacionaria», dando a entender que hubo un momento en que el universo se expandió a un ritmo creciente, en vez de al ritmo decreciente al que lo hace hoy día. De acuerdo con Guth, el radio del universo aumentó un millón de billones de billones (un 1 con treinta ceros detrás) de veces en sólo una pequeñísima fracción de segundo.

Guth sugirió que el universo comenzó a partir del *big bang* en un estado muy caliente, pero más bien caótico. Estas altas temperaturas habrían hecho que las partículas del universo estuviesen moviéndose muy rápidamente y tuviesen energías altas. Como discutimos anteriormente, sería de esperar que a temperaturas tan altas las fuerzas nucleares fuertes y débiles y la fuerza electromagnética estuviesen unificadas en una única fuerza. A medida que el universo se expandía, se enfriaba, y las energías de las partículas bajaban. Finalmente se produciría lo que se llama una transición de fase, y la simetría entre las fuerzas se rompería: la interacción fuerte se volvería diferente de las fuerzas débil y electromagnética. Un ejemplo corriente de transición de fase es la congelación del agua cuando se la enfría. El agua líquida es simétrica, la misma en cada punto y en cada dirección. Sin embargo, cuando se forman cristales de hielo, éstos tendrán posiciones definidas y estarán alineados en alguna dirección, lo cual romperá la simetría del agua.

En el caso del agua, si se es cuidadoso, uno puede «sobreenfriarla», esto es, se puede reducir la temperatura por debajo del punto de congelación (0 °C) sin que se forme hielo. Guth sugirió que el universo podría comportarse de una forma análoga: la temperatura podría estar por debajo del valor crítico sin que la simetría entre las fuerzas se rompiese. Si esto sucediese, el universo estaría en un estado inestable, con más energía que si la simetría hubiese sido rota. Puede demostrarse que esa energía extra especial tendría un efecto antigravitatorio: habría actuado exactamente como la constante cosmológica que Einstein introdujo en la relatividad general, cuando estaba tratando de construir un modelo estático del universo. Puesto que el universo estaría ya expandiéndose exactamente de la misma forma que en el modelo del *big bang* caliente, el efecto repulsivo de esa constante cosmológica habría hecho que el universo se expandiese a una velocidad siempre creciente. Incluso en regiones en donde hubiese más partículas de materia que la media, la atracción gravitatoria de la materia habría sido superada por la repulsión debida a la constante cosmológica efectiva. Así, esas regiones se expandirían también de una forma inflacionaria acelerada. Conforme se expandiesen y las partículas de materia se separasen más, nos encontraríamos con un universo en expansión que contendría muy pocas partículas y que estaría todavía en el estado sobreenfriado. Cualquier irregularidad en el universo habría sido sencillamente alisada por la expansión, del mismo modo que los pliegues de un globo son alisados cuando se hincha. De este modo, el estado actual suave y uniforme del universo podría haberse desarrollado a partir de muchos estados iniciales no uniformes diferentes.

En un universo tal, en el que la expansión fuese acelerada por una constante cosmológica en vez de frenada por la atracción gravitatoria de la materia, habría habido tiempo suficiente para que la luz viajase de una región a otra en el universo primitivo. Esto podría proporcionar una solución al problema planteado antes, de por qué diferentes regiones del universo primitivo tendrían las mismas propiedades. Además, la velocidad de expansión del universo se aproximaría automáticamente mucho a la velocidad crítica determinada por la densidad de energía del universo. Lo que explicaría por qué la velocidad de expansión es todavía tan próxima a la velocidad crítica, sin tener que suponer que la velocidad de expansión inicial del universo fuera escogida muy cuidadosamente.

La idea de la inflación podría explicar también por qué hay tanta materia en el universo. Hay algo así como diez billones de billones de billones de billones de billones de billones de billones (un 1 con ochenta y cinco ceros detrás) de partículas en la región del universo que nosotros podemos observar. ¿De dónde salieron todas ellas? La respuesta es que, en la teoría cuántica, las partículas pueden ser creadas a partir de la energía en la forma de pares partícula/antipartícula. Pero esto simplemente plantea la cuestión de dónde salió la energía. La respuesta es que la energía total del universo es exactamente cero. La materia del universo está hecha de energía positiva. Sin embargo, toda la materia está atrayéndose a sí misma mediante la gravedad. Dos pedazos de materia que estén próximos el uno al otro tienen menos energía que los dos mismos trozos muy separados, porque se ha de gastar energía para separarlos en contra de la fuerza gravitatoria que los está uniendo. Así, en cierto sentido, el campo gravitatorio tiene energía negativa. En el caso de un universo que es aproximadamente uniforme en el espacio, puede demostrarse que esta energía gravitatoria negativa cancela exactamente a la energía positiva correspondiente a la materia. De este modo, la energía total del universo es cero.

Ahora bien, dos por cero también es cero. Por consiguiente, el universo puede duplicar la cantidad de energía positiva de materia y también duplicar la energía gravitatoria negativa, sin violar la conservación de la energía. Esto no ocurre en la expansión normal del universo en la que la densidad de energía de la materia disminuye a medida que el universo se hace más grande. Sí ocurre, sin embargo, en la expansión inflacionaria, porque la densidad de energía del estado sobreenfriado permanece constante mientras el universo se expande: cuando el universo duplica su tamaño, la energía positiva de materia y la energía gravitatoria negativa se duplican ambas, de modo que la energía total sigue siendo cero. Durante la fase inflacionaria, el universo aumenta muchísimo su tamaño. De este modo, la cantidad total de energía disponible para fabricar partículas se hace muy grande. Como Guth ha señalado, «se dice que no hay ni una comida gratis. Pero el universo es la comida gratis por excelencia».

El universo no se está expandiendo de una forma inflacionaria actualmente. Así, debería haber algún mecanismo que eliminase a la gran constante cosmológica efectiva y que, por lo tanto, modificase la velocidad de expansión, de acelerada a frenada por la gravedad, como la que tenemos hoy en día. En la expansión inflacionaria uno podría esperar que finalmente se rompiera la simetría entre las fuerzas, del mismo modo que el agua sobreenfriada al final se congela. La energía extra del estado sin ruptura de simetría sería liberada entonces, y calentaría al universo de nuevo hasta una temperatura justo por debajo de la temperatura crítica en la que hay simetría entre las fuerzas. El universo continuaría entonces expandiéndose y se enfriaría exactamente como en el modelo del *big bang* caliente, pero ahora habría una explicación de por qué el universo se está expandiendo justo a la velocidad crítica y por qué diferentes regiones tienen la misma temperatura.

En la idea original de Guth se suponía que la transición de fase ocurría de forma repentina, de una manera similar a como aparecen los cristales de hielo en el agua muy fría. La idea suponía que se habrían formado «burbujas» de la nueva fase de simetría rota en la fase antigua, igual que burbujas de vapor rodeadas de agua hirviendo. Se pensaba que las burbujas se expandieron y se juntaron unas con otras hasta que todo el universo estuvo en la nueva fase. El problema era, como yo y otras personas señalamos, que el universo estaba expandiéndose tan rápidamente que, incluso si las burbujas crecían a la velocidad de la luz, se estarían separando unas de otras, y por tanto no podrían unirse. El universo se habría quedado en un estado altamente no uniforme, con algunas regiones que habrían conservado aún la simetría entre las diferentes fuerzas. Este modelo del universo no correspondería a lo que observamos.

En octubre de 1981, fui a Moscú con motivo de una conferencia sobre gravedad cuántica. Después de la conferencia di un seminario sobre el modelo inflacionario y sus problemas, en el Instituto Astronómico Sternberg. Antes solía llevar conmigo a alguien que leyese mis conferencias porque la mayoría de la gente no podía entender mi voz. Pero no había tiempo para preparar aquel seminario, por lo que lo di yo mismo, haciendo que uno de mis estudiantes graduados repitiese mis palabras. La cosa funcionó muy bien y me dio mucho más contacto con mis oyentes. Entre la audiencia se encontraba un joven ruso, Andrei Linde, del Instituto Lebedev de Moscú. Él proponía que la dificultad referente a que las burbujas no se juntasen podría ser evitada si las burbujas fuesen tan grandes que nuestra región del universo estuviese toda ella contenida dentro de una única burbuja. Para que esto funcionase, la transición de una situación con simetría a otra sin ella tuvo que ocurrir muy lentamente dentro de la burbuja, lo cual es totalmente posible de acuerdo con las teorías de gran unificación. La idea de Linde de una ruptura lenta de la simetría era muy buena, pero posteriormente me di cuenta de que ¡sus burbujas tendrían que haber sido más grandes que el tamaño del universo en aquel momento! Probé que, en lugar de eso, la simetría se habría roto al mismo tiempo en todas partes, en vez de solamente dentro de las burbujas. Ello conduciría a un universo uniforme, como el que observamos. Yo estaba muy excitado por esta idea y la discutí con uno de mis alumnos, Ian Moss. Como amigo de Linde, me encontré, sin embargo, en un buen aprieto, cuando, posteriormente, una revista científica me envió su artículo y me consultó si era adecuada su publicación. Respondí que existía el fallo de que las burbujas fuesen mayores que el universo, pero que la idea básica de una ruptura lenta de la simetría era muy buena. Recomendé que el artículo fuese publicado tal como estaba, debido a que corregirlo le supondría a Linde varios meses, ya que cualquier cosa que él enviase a los países occidentales tendría que pasar por la censura soviética, que no era ni muy hábil ni muy rápida con los artículos científicos. Por otro lado, escribí un artículo corto con Ian Moss en la misma revista, en el cual señalábamos ese problema con la burbuja y mostrábamos cómo podría ser resuelto.

Al día siguiente de volver de Moscú, salí para Filadelfia, en donde iba a recibir una medalla del Instituto Franklin. Mi secretaria, Judy Fella, había utilizado su nada desdeñable encanto para persuadir a las British Airways de que nos proporcionasen a los dos plazas gratuitas en un Concorde, como una forma de publicidad. Sin embargo, la fuerte lluvia que caía cuando me dirigía hacia el aeropuerto hizo que perdiéramos el avión. No obstante, llegué finalmente a Filadelfia y recibí la medalla. Me pidieron entonces que dirigiese un seminario sobre el universo inflacionario en la Universidad Drexel de Filadelfia. Di el mismo seminario sobre los problemas del universo inflacionario que había llevado a cabo en Moscú. Paul Steinhardt y Andreas Albrecht de la Universidad de Pennsylvania, propusieron independientemente una idea muy similar a la de Linde unos pocos meses después. Ellos, junto con Linde, están considerados como los gestores de lo que se llama «el nuevo modelo inflacionario», basado en la idea de una ruptura lenta de simetría. (El viejo modelo inflacionario era la sugerencia original de Guth de la ruptura rápida de simetría con la formación de burbujas.)

El nuevo modelo inflacionario fue un buen intento para explicar por qué el universo es como es. Sin embargo, yo y otras personas mostramos que, al menos en su forma original, predecía variaciones en la temperatura de la radiación de fondo de microondas mucho mayores de las que se observan. El trabajo posterior también ha arrojado dudas sobre si pudo ocurrir una transición de fase del tipo requerido en el universo primitivo. En mi opinión personal, hoy día el nuevo modelo inflacionario está muerto como teoría científica, aunque mucha gente no parece haberse enterado de su fallecimiento y todavía siguen escribiendo artículos como si fuese viable. Un modelo mejor, llamado modelo inflacionario caótico, fue propuesto por Linde en 1983. En él no se produce ninguna transición de fase o sobreenfriamiento. En su lugar, hay un campo de espín 0, el cual, debido a fluctuaciones cuánticas, tendría valores grandes en algunas regiones del universo primitivo. La energía del campo en esas regiones se comportaría como una constante cosmológica. Tendría un efecto gravitatorio repulsivo, y, de ese modo, haría que esas regiones se expandiesen de una forma inflacionaria. A medida que se expandiesen, la energía del campo decrecería en ellas lentamente, hasta que la expansión inflacionaria cambiase a una expansión como la del modelo del *big bang* caliente. Una de estas regiones se transformaría en lo que actualmente vemos como universo observable. Este modelo tiene todas las ventajas de los modelos inflacionarios anteriores, pero no depende de una dudosa transición de fase, y puede además proporcionar un valor razonable para las fluctuaciones en la temperatura de la radiación de fondo de microondas, que coincide con las observaciones.

Este trabajo sobre modelos inflacionarios mostró que el estado actual del universo podría haberse originado a partir de un número bastante grande de configuraciones iniciales diferentes. Esto es importante, porque demuestra que el estado inicial de la parte del universo que habitamos no tuvo que ser escogido con gran cuidado. De este modo podemos, si lo deseamos, utilizar el principio antrópico débil para explicar por qué el universo tiene su aspecto actual. No puede ser, sin embargo, que *cual-*

*quier* configuración inicial hubiese conducido a un universo como el que observamos. Esto puede demostrarse considerando un estado muy diferente para el universo en el momento actual, digamos uno con muchos bultos y muy irregular. Podrían usarse las leyes de la ciencia para remontar el universo hacia atrás en el tiempo, y determinar su configuración en tiempos anteriores. De acuerdo con los teoremas de la singularidad de la relatividad general clásica, habría habido una singularidad del tipo *big bang*. Si se desarrollase un universo como éste hacia adelante en el tiempo, de acuerdo con las leyes de la ciencia, se acabaría con el estado grumoso e irregular del que se partió. Así, tiene que haber configuraciones iniciales que no habrían dado lugar a un universo como el que vemos hoy. Por tanto, incluso el modelo inflacionario no nos dice por qué la configuración inicial no fue de un tipo tal que produjese algo muy diferente de lo que observamos. ¿Debemos volver al principio antrópico para una explicación? ¿Se trató simplemente de un resultado afortunado? Esto parecería una situación desesperanzada, una negación de todas nuestras esperanzas por comprender el orden subyacente del universo.

Para poder predecir cómo debió haber empezado el universo, se necesitan leyes que sean válidas en el principio del tiempo. Si la teoría clásica de la relatividad general fuese correcta, los teoremas de la singularidad, que Roger Penrose y yo demostramos, probarían que el principio del tiempo habría sido un punto de densidad infinita y de curvatura del espacio-tiempo infinita. Todas las leyes conocidas de la ciencia fallarían en un punto como ése. Podría suponerse que hubiera nuevas leyes que fueran válidas en las singularidades, pero sería muy difícil incluso formular tales leyes en puntos con tan mal comportamiento, y no tendríamos ninguna guía a partir de las observaciones sobre cuáles podrían ser esas leyes. Sin embargo, lo que los teoremas de singularidad realmente indican es que el campo gravitatorio se hace tan fuerte que los efectos gravitatorios cuánticos se hacen importantes: la teoría clásica no constituye ya una buena descripción del universo. Por lo tanto, es necesario utilizar una teoría cuántica de la gravedad para discutir las etapas muy tempranas del universo. Como veremos, en la teoría cuántica es posible que las leyes ordinarias de la ciencia sean válidas en todas partes, incluyendo el principio del tiempo: no es necesario postular nuevas leyes para las singularidades, porque no tiene por qué haber ninguna singularidad en la teoría cuántica.

No poseemos todavía una teoría completa y consistente que combine la mecánica cuántica y la gravedad. Sin embargo, estamos bastante seguros de algunas de las características que una teoría unificada de ese tipo debería tener. Una es que debe incorporar la idea de Feynman de formular la teoría cuántica en términos de una suma sobre historias. Dentro de este enfoque, una partícula no tiene simplemente una historia única, como la tendría en una teoría clásica. En lugar de eso se supone que sigue todos los caminos posibles en el espacio-tiempo, y que con cada una de esas historias está asociada una pareja de números, uno que representa el tamaño de una onda y el otro que representa su posición en el ciclo (su fase). La probabilidad de que la partícula pase a través de algún punto particular, por ejemplo, se halla sumando las ondas asociadas con cada camino posible que pase por ese punto. Cuando uno trata realmente de calcular esas sumas, sin embargo, tropieza con problemas técnicos importantes. La única forma de sortearlos consiste en la siguiente receta peculiar: hay que sumar las ondas correspondientes a historias de la partícula que no están en el tiempo «real» que usted y yo experimentamos, sino que tienen lugar en lo que se llama tiempo imaginario. Un tiempo imaginario puede sonar a ciencia ficción, pero se trata, de hecho, de un concepto matemático bien definido. Si tomamos cualquier número ordinario (o «real») y lo multiplicamos por sí mismo, el resultado es un número positivo. (Por ejemplo, 2 por 2 es 4, pero también lo es −2 por −2.) Hay, no obstante, números especiales (llamados imaginarios) que dan números negativos cuando se multiplican por sí mismos. (El llamado *i*, cuando se multiplica por sí mismo, da −1, 2*i* multiplicado por sí mismo da −4, y así sucesivamente.) Para evitar las dificultades técnicas en la suma de Feynman sobre historias, hay que usar un tiempo imaginario. Es decir, para los propósitos del cálculo hay que medir el tiempo utilizando números imaginarios en vez de reales. Esto tiene un efecto interesante sobre el espacio-tiempo: la distinción entre tiempo y espacio desaparece completamente. Dado un espacio-tiempo en el que los sucesos tienen valores imaginarios de la coordenada temporal, se dice de él que es euclídeo, en memoria del antiguo griego Euclides, quien fundó el estudio de la geometría de superficies bidimensionales. Lo que nosotros llamamos ahora espacio-tiempo euclídeo es muy similar, excepto que tiene cuatro dimensiones en vez de dos. En el espacio-tiempo euclídeo no hay ninguna diferencia entre la dirección temporal y las direcciones espaciales. Por el contrario, en el espacio-tiempo real, en el cual los sucesos se describen mediante valores ordinarios, reales, de la coordenada temporal, es fácil notar la diferencia: la dirección del tiempo en todos los puntos se encuentra dentro del cono de luz, y las direcciones espaciales se encuentran fuera. En cualquier caso, en lo que a la mecánica cuántica corriente concierne, podemos considerar nuestro empleo de un tiempo imaginario y de un espacio-tiempo euclídeo meramente como un montaje (o un truco) matemático para obtener respuestas acerca del espacio-tiempo real.

Una segunda característica que creemos que tiene que formar parte de cualquier teoría definitiva es la idea de Einstein de que el campo gravitatorio se representa mediante un espacio-tiempo curvo: las partículas tratan de seguir el camino más parecido posible a una línea recta en un espacio curvo, pero debido a que el espacio-tiempo no es plano, sus caminos parecen doblarse, como si fuera por efecto de un campo gravitatorio. Cuando aplicamos la suma de Feynman sobre historias a la visión de Einstein de la gravedad, lo análogo a la historia de una partícula es ahora un espacio-tiempo curvo completo, que representa la historia de todo el universo. Para evitar las dificultades técnicas al calcular realmente la suma sobre historias, estos espacio-tiempos curvos deben ser euclídeos. Esto es, el tiempo es imaginario e indistinguible de las direcciones espaciales. Para calcular la probabilidad de encontrar un espacio-tiempo real con una cierta propiedad, por ejemplo, teniendo el mismo aspecto en todos los puntos y en todas las direcciones, se suman las ondas asociadas a todas las historias que tienen esa propiedad.

En la teoría clásica de la relatividad general hay muchos espacio-tiempos curvos posibles diferentes, cada uno de los cuales corresponde a un estado inicial diferente del universo. Si conociésemos el estado inicial de nuestro universo, conoceríamos su historia completa. De forma similar, en la teoría cuántica de la gravedad hay muchos estados cuánticos diferentes posibles para el universo. De nuevo, si supiésemos cómo se comportaron en los momentos iniciales los espacio-tiempos curvos que intervienen en la suma sobre historias, conoceríamos el estado cuántico del universo.

En la teoría clásica de la gravedad, basada en un espacio-tiempo real, hay solamente dos maneras en las que puede comportarse el universo: o ha existido durante un tiempo infinito, o tuvo un principio en una singularidad dentro de algún tiempo finito en el pasado. En la teoría cuántica de la gravedad, por otra parte, surge una tercera posibilidad. Debido a que se emplean espacio-tiempos euclídeos, en los que la dirección del tiempo está en pie de igualdad con las direcciones espaciales, es posible que el espacio-tiempo sea finito en extensión y que, sin embargo, no tenga ninguna singularidad que forme una frontera o un borde. El espacio-tiempo sería como la superficie de la Tierra, sólo que con dos dimensiones más. La superficie de la Tierra es finita en extensión, pero no tiene una frontera o un borde: si se navega hacia el ocaso, uno no se cae por un precipicio o se tropieza con una singularidad. (Yo lo sé, ¡porque he viajado alrededor del mundo!)

Tanto si el espacio-tiempo euclídeo se extiende hacia atrás hasta tiempos imaginarios infinitos, como si comienza en una singularidad en el tiempo imaginario, se nos plantea el mismo problema que en la teoría clásica, de tener que especificar el estado inicial del universo: Dios puede saber cómo comenzó el universo, pero nosotros no podemos dar ninguna razón particular para pensar que comenzó de una forma en vez de otra. Por el contrario, la teoría cuántica de la gravedad ha abierto una nueva posibilidad, en la que no habría ninguna frontera del espacio-tiempo y, por tanto, no habría ninguna necesidad de especificar el comportamiento en la frontera. No existiría ninguna singularidad en la que las leyes de la ciencia fallasen y ningún borde del espacio-tiempo en el cual se tuviese que recurrir a Dios o a alguna nueva ley para que estableciese las condiciones de contorno del espacio-tiempo. Se podría decir: «la condición de contorno del universo es que no tiene ninguna frontera». El universo estaría completamente autocontenido y no se vería afectado por nada que estuviese fuera de él. No sería ni creado ni destruido. Simplemente SERÍA.

Fue en la conferencia del Vaticano, mencionada anteriormente, donde propuse por primera vez la idea de que quizás el tiempo y el espacio juntos formen una superficie que sea finita en tamaño, pero que no tenga ninguna frontera ni ningún borde. Mi artículo era, sin embargo, bastante matemático, por lo que sus implicaciones sobre el papel de Dios en la creación del universo no fueron en general apreciadas en ese momento (tampoco por mí). En la época de la conferencia del Vaticano yo no sabía cómo utilizar la idea de «ninguna frontera» para hacer predicciones acerca del universo. Pasé el verano siguiente en la Universidad de California, en Santa Bárbara. Allí, junto con mi amigo y colega, Jim Hartle, calculamos qué condiciones tendría que cumplir el universo si el espacio-tiempo no tuviese ninguna frontera. Cuando volví a Cambridge, continué este trabajo con dos de mis estudiantes de investigación, Julian Luttrel y Jonathan Halliwell.

Me gustaría subrayar que esta idea de que tiempo y espacio deben ser finitos y sin frontera es exactamente una *propuesta:* no puede ser deducida de ningún otro principio. Como cualquier otra teoría científica, puede estar sugerida inicialmente por razones estéticas o metafísicas, pero la prueba real consiste en ver si consigue predicciones que estén de acuerdo con la observación. Esto, sin embargo, es difícil de determinar en el caso de la gravedad cuántica por dos motivos. En primer lugar, como se explicará en el próximo capítulo, no estamos aún totalmente seguros acerca de qué teoría combina con éxito la relatividad general y la mecánica cuántica, aunque sabemos bastante sobre la forma que ha de tener dicha teoría. En segundo lugar, cualquier modelo que describiese el universo entero en detalle sería demasiado complicado matemáticamente para que fuésemos capaces de calcular predicciones exactas. Por consiguiente, hay que hacer suposiciones simplificadoras y aproximaciones; e incluso entonces el problema de obtener predicciones sigue siendo formidable.

Cada historia de las que intervienen en la suma sobre historias describirá no sólo el espacio-tiempo, sino también todo lo que hay en él, incluido cualquier organismo complicado, como seres humanos que pueden observar la historia del universo. Esto puede proporcionar otra justificación del principio antrópico, pues si todas las historias son posibles, entonces, en la medida en que nosotros existimos en una de las historias, podemos emplear el principio antrópico para explicar por qué el universo se encuentra en la forma en que está. Qué significado puede ser atribuido exactamente a las otras historias, en las que noso-

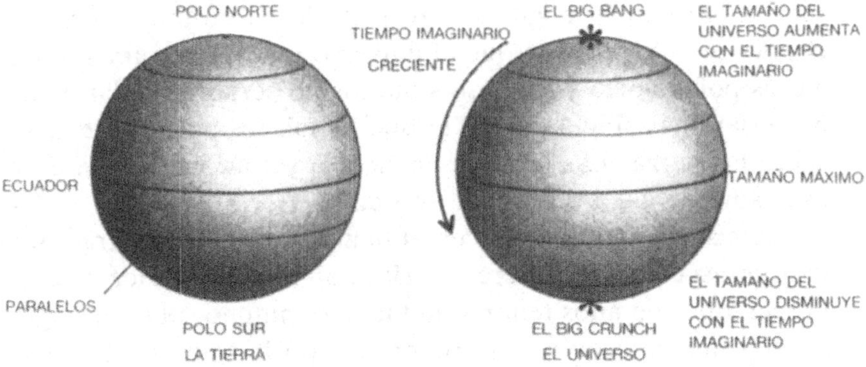


FIGURA 8.1

tros no existimos, no está claro. Este enfoque de una teoría cuántica de la gravedad sería mucho más satisfactorio, sin embargo, si se pudiese demostrar que, empleando la suma sobre historias, nuestro universo no es simplemente una de las posibles historias sino una de las más probables. Para hacerlo, tenemos que realizar la suma sobre historias para todos los espaciotiempos euclídeos posibles que no tengan ninguna frontera.

Con la condición de que no haya ninguna frontera se obtiene que la probabilidad de encontrar que el universo sigue la mayoría de las historias posibles es despreciable, pero que hay una familia particular de historias que son mucho más probables que las otras. Estas historias pueden imaginarse mentalmente como si fuesen la superficie de la Tierra, donde la distancia desde el polo norte representaría el tiempo imaginario, y el tamaño de un círculo a distancia constante del polo norte representaría el tamaño espacial del universo. El universo comienza en el polo norte como un único punto. A medida que uno se mueve hacia el sur, los círculos de latitud, a distancia constante del polo norte, se hacen más grandes, y corresponden al universo expandiéndose en el tiempo imaginario (figura 8.1). El universo alcanzaría un tamaño máximo en el ecuador, y se contraería con el tiempo imaginario creciente hasta un único punto en el polo sur. A pesar de que el universo tendría un tamaño nulo en los polos norte y sur, estos puntos no serían singularidades, no serían más singulares de lo que lo son los polos norte y sur sobre la Tierra. Las leyes de la ciencia serían válidas en ellos, exactamente igual a como lo son en la Tierra.

La historia del universo en el tiempo real, sin embargo, tendría un aspecto muy diferente. Hace alrededor de diez o veinte mil millones de años tendría un tamaño mínimo, que sería igual al radio máximo de la historia en tiempo imaginario. En tiempos reales posteriores, el universo se expandiría como en el modelo inflacionario caótico propuesto por Linde (pero no se tendría que suponer ahora que el universo fue creado en el tipo de estado correcto). El universo se expandiría hasta alcanzar un tamaño muy grande y finalmente se colapsaría de nuevo en lo que parecería una singularidad en el tiempo real. Así, en cierto sentido, seguimos estando todos condenados, incluso aunque nos mantengamos lejos de los agujeros negros. Solamente si pudiésemos hacernos una representación del universo en términos del tiempo imaginario no habría ninguna singularidad.

Si el universo estuviese realmente en un estado cuántico como el descrito, no habría singularidades en la historia del universo en el tiempo imaginario. Podría parecer, por lo tanto, que mi trabajo más reciente hubiese anulado completamente los resultados de mi trabajo previo sobre las singularidades. Sin embargo, como se indicó antes, la importancia real de los teoremas de la singularidad es que prueban que el campo gravitatorio debe hacerse tan fuerte que los efectos gravitatorios cuánticos no pueden ser ignorados. Esto, de hecho, condujo a la idea de que el universo podría ser finito en el tiempo imaginario, pero sin fronteras o singularidades. El pobre astronauta que cae en un agujero negro sigue acabando mal; sólo si viviese en el tiempo imaginario no encontraría ninguna singularidad.

Todo esto podría sugerir que el llamado tiempo imaginario

es realmente el tiempo real, y que lo que nosotros llamamos tiempo real es solamente una quimera. En el tiempo real, el universo tiene un principio y un final en singularidades que forman una frontera para el espacio-tiempo y en las que las leyes de la ciencia fallan. Pero en el tiempo imaginario no hay singularidades o fronteras. Así que, tal vez, lo que llamamos tiempo imaginario es realmente más básico, y lo que llamamos real es simplemente una idea que inventamos para ayudarnos a describir cómo pensamos que es el universo. Pero, de acuerdo con el punto de vista que expuse en el capítulo 1, una teoría científica es justamente un modelo matemático que construimos para describir nuestras observaciones: existe únicamente en nuestras mentes. Por lo tanto no tiene sentido preguntar: ¿qué es lo real, el tiempo «real» o el «imaginario»? Dependerá simplemente de cuál sea la descripción más útil.

También puede utilizarse la suma sobre historias, junto con la propuesta de ninguna frontera, para averiguar qué propiedades del universo es probable que se den juntas. Por ejemplo, puede calcularse la probabilidad de que el universo se esté expandiendo aproximadamente a la misma velocidad en todas las direcciones en un momento en que la densidad del universo tenga su valor actual. En los modelos simplificados que han sido examinados hasta ahora, esta probabilidad resulta ser alta; esto es, la condición propuesta de falta de frontera conduce a la predicción de que es extremadamente probable que la velocidad actual de expansión del universo sea casi la misma en todas direcciones. Esto es consistente con las observaciones de la radiación de fondo de microondas, la cual muestra casi la misma intensidad en cualquier dirección. Si el universo estuviese expandiéndose más rápidamente en unas direcciones que en otras, la intensidad de la radiación de esas direcciones estaría reducida por un desplazamiento adicional hacia el rojo.

Actualmente se están calculando predicciones adicionales a partir de la condición de que no exista ninguna frontera. Un problema particularmente interesante es el referente al valor de las pequeñas desviaciones respecto de la densidad uniforme en el universo primitivo, que provocaron la formación de las galaxias primero, de las estrellas después y, finalmente, de nosotros. El principio de incertidumbre implica que el universo primitivo no pudo haber sido completamente uniforme, debido a que tuvieron que existir algunas incertidumbres o fluctuaciones en las posiciones y velocidades de las partículas. Si utilizamos la condición de que no haya ninguna frontera, encontramos que el universo tuvo, de hecho, que haber comenzado justamente con la mínima no uniformidad posible, permitida por el principio de incertidumbre. El universo habría sufrido entonces un período de rápida expansión, como en los modelos inflacionarios. Durante ese período, las no uniformidades iniciales se habrían amplificado hasta hacerse lo suficientemente grandes como para explicar el origen de las estructuras que observamos a nuestro alrededor. En un universo en expansión en el cual la densidad de materia variase ligeramente de un lugar a otro, la gravedad habría provocado que las regiones más densas frenasen su expansión y comenzasen a contraerse. Ello conduciría a la formación de galaxias, de estrellas, y, finalmente, incluso de insignificantes criaturas como nosotros mismos. De este modo, todas las complicadas estructuras que vemos en el universo podrían ser explicadas mediante la condición de ausencia de frontera para el universo, junto con el principio de incertidumbre de la mecánica cuántica.

La idea de que espacio y tiempo puedan formar una superficie cerrada sin frontera tiene también profundas implicaciones sobre el papel de Dios en los asuntos del universo. Con el éxito de las teorías científicas para describir acontecimientos, la mayoría de la gente ha llegado a creer que Dios permite que el universo evolucione de acuerdo con un conjunto de leyes, en las que él no interviene para infringirlas. Sin embargo, las leyes no nos dicen qué aspecto debió tener el universo cuando comenzó; todavía dependería de Dios dar cuerda al reloj y elegir la forma de ponerlo en marcha. En tanto en cuanto el universo tuviera un principio, podríamos suponer que tuvo un creador. Pero si el universo es realmente autocontenido, si no tiene ninguna frontera o borde, no tendría ni principio ni final: simplemente sería. ¿Qué lugar queda, entonces, para un creador?

# Capítulo 9

# LA FLECHA DEL TIEMPO

En los capítulos anteriores hemos visto cómo nuestras concepciones sobre la naturaleza del tiempo han cambiado con los años. Hasta comienzos de este siglo la gente creía en el tiempo absoluto. Es decir, en que cada suceso podría ser etiquetado con un número llamado «tiempo» de una forma única, y todos los buenos relojes estarían de acuerdo en el intervalo de tiempo transcurrido entre dos sucesos. Sin embargo, el descubrimiento de que la velocidad de la luz resultaba ser la misma para todo observador, sin importar cómo se estuviese moviendo éste, condujo a la teoría de la relatividad, y en ésta tenía que abandonarse la idea de que había un tiempo absoluto único. En lugar de ello, cada observador tendría su propia medida del tiempo, que sería la registrada por un reloj que él llevase consigo: relojes correspondientes a diferentes observadores no coincidirían necesariamente. De este modo, el tiempo se convirtió en un concepto más personal, relativo al observador que lo medía.

Cuando se intentaba unificar la gravedad con la mecánica cuántica se tuvo que introducir la idea de tiempo «imaginario». El tiempo imaginario es indistinguible de las direcciones espaciales. Si uno puede ir hacia el norte, también puede dar la vuelta y dirigirse hacia el sur; de la misma forma, si uno puede ir hacia adelante en el tiempo imaginario, debería poder también dar la vuelta e ir hacia atrás. Esto significa que no puede haber ninguna diferencia importante entre las direcciones hacia adelante y hacia atrás del tiempo imaginario. Por el contrario, en el tiempo «real», hay una diferencia muy grande entre las direcciones hacia adelante y hacia atrás, como todos sabemos. ¿De dónde proviene esta diferencia entre el pasado y el futuro? ¿Por qué recordamos el pasado pero no el futuro?

Las leyes de la ciencia no distinguen entre el pasado y el futuro. Con más precisión, como se explicó anteriormente, las leyes de la ciencia no se modifican bajo la combinación de las operaciones (o simetrías) conocidas como C, P y T. (C significa cambiar partículas por antipartículas. P significa tomar la imagen especular, de modo que izquierda y derecha se intercambian. T significa invertir la dirección de movimiento de todas las partículas: en realidad, ejecutar el movimiento hacia atrás.) Las leyes de la ciencia que gobiernan el comportamiento de la materia en todas las situaciones normales no se modifican bajo la combinación de las dos operaciones C y P por sí solas. En otras palabras, la vida sería exactamente la misma para los habitantes de otro planeta que fuesen imágenes especulares de nosotros y que estuviesen hechos de antimateria en vez de materia.

Si las leyes de la ciencia no se pueden modificar por la combinación de las operaciones C y P, y tampoco por la combinación C, P y T, tienen también que permanecer inalteradas bajo la operación T sola. A pesar de todo, hay una gran diferencia entre las direcciones hacia adelante y hacia atrás del tiempo real en la vida ordinaria. Imagine un vaso de agua cayéndose de una mesa y rompiéndose en pedazos en el suelo. Si usted lo filma en película, puede decir fácilmente si está siendo proyectada hacia adelante o hacia atrás. Si la proyecta hacia atrás verá los pedazos repentinamente reunirse del suelo y saltar hacia atrás para formar un vaso entero sobre la mesa. Usted puede decir que la película está siendo proyectada hacia atrás porque este tipo de comportamiento nunca se observa en la vida ordinaria. Si se observase, los fabricantes de vajillas perderían el negocio.

La explicación que se da usualmente de por qué no vemos vasos rotos recomponiéndose ellos solos en el suelo y saltando hacia atrás sobre la mesa, es que lo prohíbe la segunda ley de la termodinámica. Esta ley dice que en cualquier sistema cerrado el desorden, o la entropía, siempre aumenta con el tiempo. En otras palabras, se trata de una forma de la ley de Murphy: ¡las cosas siempre tienden a ir mal! Un vaso intacto encima de una mesa es un estado de orden elevado, pero un vaso roto en el suelo es un estado desordenado. Se puede ir desde el vaso que está sobre la mesa en el pasado hasta el vaso roto en el suelo en el futuro, pero no al revés.

El que con el tiempo aumente el desorden o la entropía es un ejemplo de lo que se llama una flecha del tiempo, algo que distingue el pasado del futuro dando una dirección al tiempo. Hay al menos tres flechas del tiempo diferentes. Primeramente, está la flecha termodinámica, que es la dirección del tiempo en la que el desorden o la entropía aumentan. Luego está la flecha psicológica. Esta es la dirección en la que nosotros sentimos que pasa el tiempo, la dirección en la que recordamos el pasado pero no el futuro. Finalmente, está la flecha cosmológica. Esta es la dirección del tiempo en la que el universo está expandiéndose en vez de contrayéndose.

En este capítulo discutiré cómo la condición de que no haya frontera para el universo, junto con el principio antrópico débil, puede explicar por qué las tres flechas apuntarán en la misma dirección y, además, por qué debe existir una flecha del tiempo bien definida. Argumentaré que la flecha psicológica está determinada por la flecha termodinámica, y que ambas flechas apuntan siempre necesariamente en la misma dirección. Si se admite la condición de que no haya frontera para el universo, veremos que tienen que existir flechas termodinámica y cosmológica del tiempo bien definidas, pero que no apuntarán en la misma dirección durante toda la historia del universo. No obstante razonaré que únicamente cuando apuntan en la misma dirección es cuando las condiciones son adecuadas para el desarrollo de seres inteligentes que puedan hacerse la pregunta: ¿por qué aumenta el desorden en la misma dirección del tiempo en la que el universo se expande?

Me referiré primero a la flecha termodinámica del tiempo. La segunda ley de la termodinámica resulta del hecho de que hay siempre muchos más estados desordenados que ordenados. Por ejemplo, consideremos las piezas de un rompecabezas en una caja. Hay un orden, y sólo uno, en el cual las piezas forman una imagen completa. Por otra parte, hay un número muy grande de disposiciones en las que las piezas están desordenadas y no forman una imagen.

Supongamos que un sistema comienza en uno de entre el pequeño número de estados ordenados. A medida que el tiempo pasa el sistema evolucionará de acuerdo con las leyes de la ciencia y su estado cambiará. En un tiempo posterior es más probable que el sistema esté en un estado desordenado que en uno ordenado, debido a que hay muchos más estados desordenados. De este modo, el desorden tenderá a aumentar con el tiempo si el sistema estaba sujeto a una condición inicial de orden elevado.

Imaginemos que las piezas del rompecabezas están inicialmente en una caja en la disposición ordenada en la que forman una imagen. Si se agita la caja, las piezas adquirirán otro orden que será, probablemente, una disposición desordenada en la que las piezas no forman una imagen propiamente dicha, simplemente porque hay muchísimas más disposiciones desordenadas. Algunos grupos de piezas pueden todavía formar partes correctas de la imagen, pero cuanto más se agite la caja tanto más probable será que esos grupos se deshagan y que las piezas se hallen en un estado completamente revuelto, en el cual no formen ningún tipo de imagen. Por lo tanto, el desorden de las piezas aumentará probablemente con el tiempo si las piezas obedecen a la condición inicial de comenzar con un orden elevado.

Supóngase, sin embargo, que Dios decidió que el universo debe terminar en un estado de orden elevado sin importar de qué estado partiese. En los primeros momentos, el universo habría estado probablemente en un estado desordenado. Esto significaría que el desorden disminuiría con el tiempo. Usted vería vasos rotos recomponiéndose ellos solos y saltando hacia la mesa. Sin embargo, ningún ser humano que estuviese observando los vasos estaría viviendo en un universo en el cual el desorden disminuyese con el tiempo. Razonaré que tales seres tendrían una flecha psicológica del tiempo que estaría apuntando hacia atrás. Esto es, ellos recordarían sucesos en el futuro y no recordarían sucesos en el pasado. Cuando el vaso estuviese roto lo recordarían recompuesto sobre la mesa, pero cuando estuviese recompuesto sobre la mesa no lo recordarían estando en el suelo.

Es bastante difícil hablar de la memoria humana, porque no conocemos cómo funciona el cerebro en detalle. Lo conocemos todo, sin embargo, sobre cómo funcionan las memorias de ordenadores. Discutiré por lo tanto la flecha psicológica del tiempo para ordenadores. Creo que es razonable admitir que la flecha para ordenadores es la misma que para humanos. Si no lo fuese, ¡se podría tener un gran éxito financiero en la bolsa poseyendo un ordenador que recordase las cotizaciones de mañana!

Una memoria de ordenador consiste básicamente en un dispositivo que contiene elementos que pueden existir en uno cualquiera de dos estados. Un ejemplo sencillo es un ábaco. En su forma más simple, éste consiste en varios hilos; en cada hilo hay una cuenta que puede ponerse en una de dos posiciones.

Antes de que un número sea grabado en una memoria de ordenador, la memoria está en un estado desordenado, con probabilidades iguales para los dos estados posibles. (Las cuentas del ábaco están dispersas aleatoriamente en los hilos del ábaco.) Después de que la memoria interactúa con el sistema a recordar, estará claramente en un estado o en el otro, según sea el estado del sistema. (Cada cuenta del ábaco estará a la izquierda o a la derecha del hilo del ábaco.) De este modo, la memoria ha pasado de un estado desordenado a uno ordenado. Sin embargo, para estar seguros de que la memoria está en el estado correcto es necesario gastar una cierta cantidad de energía (para mover la cuenta o para accionar el ordenador, por ejemplo). Esta energía se disipa en forma de calor, y aumenta la cantidad de desorden en el universo. Puede demostrarse que este aumento del desorden es siempre mayor que el aumento del orden en la propia memoria. Así, el calor expelido por el refrigerador del ordenador asegura que cuando graba un número en la memoria, la cantidad total de desorden en el universo aumenta a pesar de todo. La dirección del tiempo en la que un ordenador recuerda el pasado es la misma que aquella en la que el desorden aumenta.

Nuestro sentido subjetivo de la dirección del tiempo, la flecha psicológica del tiempo, está determinado por tanto dentro de nuestro cerebro por la flecha termodinámica del tiempo. Exactamente igual que un ordenador, debemos recordar las cosas en el orden en que la entropía aumenta. Esto hace que la segunda ley de la termodinámica sea casi trivial. El desorden aumenta con el tiempo porque nosotros medimos el tiempo en la dirección en la que el desorden crece. ¡No se puede hacer una apuesta más segura que ésta!

Pero ¿por qué debe existir siquiera la flecha termodinámica del tiempo? O, en otras palabras, ¿por qué debe estar el universo en un estado de orden elevado en un extremo del tiempo, el extremo que llamamos el pasado? ¿Por qué no está en un estado de completo desorden en todo momento? Después de todo, esto podría parecer más probable. ¿Y por qué la dirección del tiempo en la que el desorden aumenta es la misma en la que el universo se expande?

En la teoría clásica de la relatividad general no se puede predecir cómo habría comenzado el universo, debido a que todas las leyes conocidas de la ciencia habrían fallado en la singularidad del *big bang*. El universo podría haber empezado en un estado muy suave y ordenado. Esto habría conducido a unas flechas termodinámica y cosmológica del tiempo bien definidas, como observamos. Pero igualmente podría haber comenzado en un estado muy grumoso y desordenado. En ese caso, el universo estaría ya en un estado de desorden completo, de modo que el desorden no podría aumentar con el tiempo. O bien permanecería constante, en cuyo caso no habría flecha termodinámica del tiempo bien definida, o bien disminuiría, en cuyo caso la flecha termodinámica del tiempo señalaría en dirección opuesta a la flecha cosmológica. Ninguna de estas posibilidades está de acuerdo con lo que observamos. Sin embargo, como hemos visto, la relatividad general clásica predice su propia ruina. Cuando la curvatura del espacio-tiempo se hace grande, los efectos gravitatorios cuánticos se volverán importantes, y la teoría clásica dejará de constituir una buena descripción del universo. Debe emplearse una teoría cuántica de la gravedad para comprender cómo comenzó el universo.

En una teoría cuántica de la gravedad, como vimos en el capítulo anterior, para especificar el estado del universo habría que decir aún cómo se comportarían las historias posibles del universo en el pasado en la frontera del espacio-tiempo. Esta dificultad de tener que describir lo que no se sabe, ni se puede saber, podría evitarse únicamente si las historias satisficieran la condición de que no haya frontera: son finitas en extensión pero no tienen fronteras, bordes o singularidades. En este caso, el principio del tiempo sería un punto regular, suave, del espacio-tiempo, y el universo habría comenzado su expansión en un estado muy suave y ordenado. No podría haber sido completamente uniforme, porque ello violaría el principio de incertidumbre de la teoría cuántica. Tendría que haber habido pequeñas fluctuaciones en la densidad y en las velocidades de las partículas. La condición de que no haya frontera, sin embargo, implicaría que estas fluctuaciones serían tan pequeñas como fuese posible, con tal de ser consistentes con el principio de incertidumbre.

El universo habría comenzado con un período de expansión exponencial o «inflacionaria», en el que habría aumentado su tamaño en un factor muy grande. Durante esta expansión las fluctuaciones en la densidad habrían permanecido pequeñas al principio, pero posteriormente habrían empezado a crecer. Las regiones en las que la densidad fuese ligeramente más alta que la media habrían visto frenada su expansión por la atracción gravitatoria de la masa extra. Finalmente, tales regiones dejarían de expandirse y se colapsarían para formar galaxias, estrellas y seres como nosotros. El universo, al comienzo en un estado suave y ordenado, se volvería grumoso y desordenado a medida que el tiempo pasase. Lo que explicaría la existencia de la flecha termodinámica del tiempo.

Pero ¿qué ocurriría (y cuándo) si el universo dejase de expandirse y empezase a contraerse? ¿Se invertiría la flecha termodinámica, y el desorden empezaría a disminuir con el tiempo? Esto llevaría a todo tipo de posibilidades de ciencia-ficción para la gente que sobreviviese la fase en expansión y llegase hasta la fase en contracción. ¿Verían vasos rotos recomponiéndose ellos solos en el suelo y saltando sobre la mesa? ¿Serían capaces de recordar las cotizaciones de mañana y hacer una fortuna en la bolsa? Podría parecer algo académico preocuparse acerca de lo que ocurriría cuando el universo se colapsase de nuevo, ya que no empezará a contraerse al menos durante otros diez mil millones de años. Pero existe un camino más rápido para averiguar qué ocurriría: saltar dentro de un agujero negro. El colapso de una estrella para formar un agujero negro es bastante parecido a las últimas etapas del colapso de todo el universo. Por tanto si el desorden fuese a disminuir en la fase contractiva del universo, podría esperarse también que disminuyese dentro de un agujero negro. De este modo, tal vez un astronauta que cayese en uno sería capaz de hacer dinero en la ruleta recordando adónde fue la bola antes de que él hiciese su apuesta. (Desafortunadamente, sin embargo, no tendría tiempo de jugar antes de convertirse en *spaguetti*. Ni sería capaz de decirnos nada acerca de la inversión de la flecha termodinámica, ni de depositar sus ganancias, porque estaría atrapado detrás del horizonte de sucesos del agujero negro.)

Al principio, yo creí que el desorden disminuiría cuando el universo se colapsase de nuevo. Pensaba que el universo tenía que retornar a un estado suave y ordenado cuando se hiciese pequeño otra vez. Ello significaría que la fase contractiva sería como la inversión temporal de la fase expansiva. La gente en la fase contractiva viviría sus vidas hacia atrás: morirían antes de nacer y rejuvenecerían conforme el universo se contrajese.

Esta idea es atractiva porque conlleva una bonita simetría entre las fases expansiva y contractiva. Sin embargo, no puede ser adoptada sola, independiente de otras ideas sobre el universo. La cuestión es: ¿se deduce esta idea de la condición de que no haya frontera, o es inconsistente con esa condición? Como dije, al principio pensé que la condición de no frontera implicaría en realidad que el desorden disminuiría en la fase contractiva. Llegué a una conclusión errónea en parte por la analogía con la superficie de la Tierra. Si se hace corresponder el principio del universo con el polo norte, entonces el final del universo debería ser similar al principio, del mismo modo que el polo sur es similar al norte. Sin embargo, los polos norte y sur corresponden al principio y al final del universo en el tiempo imaginario. El principio y el final en el tiempo real pueden ser muy diferentes el uno del otro. Me despistó también el trabajo que yo había hecho sobre un modelo simple del universo, en el cual la fase colapsante se parecía a la inversión temporal de la fase expansiva. Sin embargo, un colega mío, Don Page, de la Universidad de Penn State, señaló que la condición de que no haya frontera no exigía que la fase contractiva fuese necesariamente la inversión temporal de la fase expansiva. Además, uno de mis alumnos, Raymond Laflamme, encontró que en un modelo ligeramente más complicado el colapso del universo era muy diferente de la expansión. Me di cuenta de que había cometido un error: la condición de que no haya frontera implicaba que el desorden continuaría de hecho aumentando durante la contracción. Las flechas termodinámica y psicológica del tiempo no se invertirían cuando el universo comenzara a contraerse de nuevo, o dentro de los agujeros negros.

¿Qué se debe hacer cuando uno se da cuenta de que ha cometido un error como ése? Algunos nunca admiten que están equivocados y continúan buscando nuevos argumentos, a menudo inconsistentes, para apoyar su tesis (como hizo Eddington al oponerse a la teoría de los agujeros negros). Otros pretenden, en primer lugar, no haber apoyado nunca realmente el enfoque incorrecto o que, si lo hicieron, fue sólo para demostrar que era inconsistente. Me parece mucho mejor y menos confuso si se admite en papel impreso que se estaba equivocado. Un buen ejemplo lo constituyó Einstein, quien llamó a la constante cosmológica, que había introducido cuando estaba tratando de construir un modelo estático del universo, el error más grande de su vida.

Volviendo a la flecha del tiempo, nos queda la pregunta: ¿por qué observamos que las flechas termodinámica y cosmológica señalan en la misma dirección? O en otras palabras ¿por qué aumenta el desorden en la misma dirección del tiempo en la que el universo se expande? Si se piensa que el universo se expandirá y que después se contraerá de nuevo, como la propuesta de no frontera parece implicar, surge la cuestión de por qué debemos estar en la fase expansiva en vez de en la fase contractiva.

Esta cuestión puede responderse siguiendo el principio antrópico débil. Las condiciones en la fase contractiva no serían adecuadas para la existencia de seres inteligentes que pudiesen hacerse la pregunta: ¿por qué está aumentado el desorden en la misma dirección del tiempo en la que el universo se está expandiendo? La inflación en las etapas tempranas del universo, que la propuesta de no frontera predice, significa que el universo tiene que estar expandiéndose a una velocidad muy próxima a la velocidad crítica a la que evitaría colapsarse de nuevo, y de este modo no se colapsará en mucho tiempo. Para entonces todas las estrellas se habrán quemado, y los protones y los neutrones se habrán desintegrado probablemente en partículas ligeras y radiación. El universo estaría en un estado de desorden casi completo. No habría ninguna flecha termodinámica clara del tiempo. El desorden no podría aumentar mucho debido a que el universo estaría ya en un estado de desorden casi completo. Sin embargo, una flecha termodinámica clara es necesaria para que la vida inteligente funcione. Para sobrevivir, los seres humanos tienen que consumir alimento, que es una forma ordenada de energía, y convertirlo en calor, que es una forma desordenada de energía. Por tanto, la vida inteligente no podría existir en la fase contractiva del universo. Esta es la explicación de por qué observamos que las flechas termodinámica y cosmológica del tiempo señalan en la misma dirección. No es que la expansión del universo haga que el desorden aumente. Más bien se trata de que la condición de no frontera hace que el desorden aumente y que las condiciones sean adecuadas para la vida inteligente sólo en la fase expansiva.

Para resumir, las leyes de la ciencia no distinguen entre las direcciones hacia adelante y hacia atrás del tiempo. Sin embargo, hay al menos tres flechas del tiempo que sí distinguen el pasado del futuro. Son la flecha termodinámica, la dirección del tiempo en la cual el desorden aumenta; la flecha psicológica, la dirección del tiempo según la cual recordamos el pasado y no el futuro; y la flecha cosmológica, la dirección del tiempo en la cual el universo se expande en vez de contraerse. He mostrado que la flecha psicológica es esencialmente la misma que la flecha termodinámica, de modo que las dos señalarán siempre en la misma dirección. La propuesta de no frontera para el universo predice la existencia de una flecha termodinámica del tiempo bien definida, debido a que el universo tuvo que comenzar en un estado suave y ordenado. Y la razón de que observemos que esta flecha termodinámica coincide con la flecha cosmológica es que seres inteligentes sólo pueden existir en la fase expansiva. La fase contractiva sería inadecuada debido a que no posee una flecha termodinámica clara del tiempo.

El progreso de la raza humana en la comprensión del universo ha creado un pequeño rincón de orden en un universo cada vez más desordenado. Si usted recuerda cada palabra de este libro, su memoria habrá grabado alrededor de dos millones de unidades de información: el orden en su cerebro habrá aumentado aproximadamente dos millones de unidades. Sin embargo, mientras usted ha estado leyendo el libro, habrá convertido al menos mil calorías de energía ordenada, en forma de alimento, en energía desordenada, en forma de calor que usted cede al aire de su alrededor a través de convección y sudor. Esto aumentará el desorden del universo en unos veinte billones de billones de unidades — o aproximadamente diez millones de billones de veces el aumento de orden de su cerebro — y eso si usted recuerda *todo* lo que hay en este libro. En el próximo capítulo trataré de aumentar un poco más el orden de ese rincón, explicando cómo se está tratando de acoplar las teorías parciales que he descrito para formar una teoría unificada completa que lo explicaría todo en el universo.

# Capítulo 10

# LA UNIFICACIÓN DE LA FÍSICA

Como vimos en el primer capítulo, sería muy difícil construir de un golpe una teoría unificada completa de todo el universo. Así que, en lugar de ello, hemos hecho progresos por medio de teorías parciales, que describen una gama limitada de acontecimientos y omiten otros o los aproximan por medio de ciertos números. (La química, por ejemplo, nos permite calcular las interacciones entre átomos, sin conocer la estructura interna del núcleo de un átomo.) En última instancia, se tiene la esperanza de encontrar una teoría unificada, consistente, completa, que incluiría a todas esas teorías parciales como aproximaciones, y que para que cuadraran los hechos no necesitaría ser ajustada mediante la selección de los valores de algunos números arbitrarios. La búsqueda de una teoría como ésa se conoce como «la unificación de la física». Einstein empleó la mayor parte de sus últimos años en buscar infructuosamente esta teoría unificada, pero el momento aún no estaba maduro: había teorías parciales para la gravedad y para la fuerza electromagnética, pero se conocía muy poco sobre las fuerzas nucleares. Además, Einstein se negaba a creer en la realidad de la mecánica cuántica, a pesar del importante papel que él había jugado en su desarrollo. Sin embargo, parece ser que el principio de incertidumbre es una característica fundamental del universo en que vivimos. Una teoría unificada que tenga éxito tiene, por lo tanto, que incorporar necesariamente este principio.

Como describiré, las perspectivas de encontrar una teoría como ésta parecen ser mejores ahora, ya que conocemos mucho más sobre el universo. Pero debemos guardarnos de un exceso de confianza: ¡hemos tenido ya falsas auroras! A principios de este siglo, por ejemplo, se pensaba que todo podía ser explicado en términos de las propiedades de la materia continua, tales como la elasticidad y la conducción calorífica. El descubrimiento de la estructura atómica y el principio de incertidumbre pusieron un fin tajante a todo ello. De nuevo, en 1928, el físico y premio Nobel Max Born dijo a un grupo de visitantes de la Universidad de Gotinga, «la física, dado como la conocemos, estará terminada en seis meses». Su confianza se basaba en el reciente descubrimiento por Dirac de la ecuación que gobernaba al electrón. Se pensaba que una ecuación similar gobernaría al protón, que era la otra única partícula conocida en aquel momento, y eso sería el final de la física teórica. Sin embargo, el descubrimiento del neutrón y de las fuerzas nucleares lo desmintió rotundamente. Dicho esto, todavía creo que hay razones para un optimismo prudente sobre el hecho de que podemos estar ahora cerca del final de la búsqueda de las leyes últimas de la naturaleza.

En los capítulos anteriores he descrito la relatividad general, la teoría parcial de la gravedad, y las teorías parciales que gobiernan a las fuerzas débil, fuerte y electromagnética. Las tres últimas pueden combinarse en las llamadas teorías de gran unificación, o TGU, que no son muy satisfactorias porque no incluyen a la gravedad y porque contienen varias cantidades, como las masas relativas de diferentes partículas, que no pueden ser deducidas de la teoría sino que han de ser escogidas de forma que se ajusten a las observaciones. La principal dificultad para encontrar una teoría que unifique la gravedad con las otras fuerzas estriba en que la relatividad general es una teoría «clásica», esto quiere decir que no incorpora el principio de incertidumbre de la mecánica cuántica. Por otra parte, las otras teorías parciales dependen de la mecánica cuántica de forma esencial. Un primer paso necesario, por consiguiente, consiste en combinar la relatividad general con el principio de incertidumbre. Como hemos visto, ello puede tener algunas consecuencias muy notables, como que los agujeros negros no sean negros, y que el universo no tenga ninguna singularidad sino que sea completamente autocontenido y sin una frontera. El problema es, como se explicó en el capítulo 7, que el principio de incertidumbre implica que el espacio «vacío» está lleno de pares de partículas y antipartículas virtuales. Estos pares tendrían una cantidad infinita de energía y, por consiguiente, a través de la famosa ecuación de Einstein $E = mc^2$, tendrían una cantidad infinita de masa. Su atracción gravitatoria curvaría, por tanto, el universo hasta un tamaño infinitamente pequeño.

De forma bastante similar, se encuentran infinitos aparentemente absurdos en las otras teorías parciales, pero en todos estos casos los infinitos pueden ser suprimidos mediante un proceso de renormalización, que supone cancelar los infinitos introduciendo otros infinitos. Aunque esta técnica es bastante dudosa matemáticamente, parece funcionar en la práctica, y ha sido utilizada en estas teorías para obtener predicciones, con una precisión extraordinaria, que concuerdan con las observaciones. La renormalización, sin embargo, presenta un serio inconveniente a la hora de encontrar una teoría completa, ya que implica que los valores reales de las masas y las intensidades de las fuerzas no pueden ser deducidos de la teoría, sino que han de ser escogidos para ajustarlos a las observaciones.

Al intentar incorporar el principio de incertidumbre a la relatividad general se dispone de sólo dos cantidades que pueden ajustarse: la intensidad de la gravedad y el valor de la constante cosmológica. Pero el ajuste de estas cantidades no es suficiente para eliminar todos los infinitos. Se tiene, por lo tanto, una teoría que parece predecir que determinadas cantidades, como la curvatura del espacio-tiempo, son realmente infinitas, ¡a pesar de lo cual pueden observarse y medirse como perfectamente finitas! Durante algún tiempo se sospechó la existencia del problema de combinar la relatividad general y el principio de incertidumbre, pero, en 1972, fue finalmente confirmado mediante cálculos detallados. Cuatro años después se sugirió una posible solución, llamada «supergravedad». La idea consistía en combinar la partícula de espín 2, llamada gravitón, que transporta la fuerza gravitatoria, con ciertas partículas nuevas de espín 3/2, 1, 1/2 y 0. En cierto sentido, todas estas partículas podrían ser consideradas como diferentes aspectos de la misma «superpartícula», unificando de este modo las partículas materiales de espín 1/2 y 3/2 con las partículas portadoras de fuerza de espín 0, 1 y 2. Los pares partícula/antipartícula virtuales de espín 1/2 y 3/2 tendrían energía negativa, y de ese modo tenderían a cancelar la energía positiva de los pares virtuales de espín 2, 1 y 0. Esto podría hacer que muchos de los posibles infinitos fuesen eliminados, pero se sospechaba que podrían quedar todavía algunos infinitos. Sin embargo, los cálculos necesarios para averiguar si quedaban o no algunos infinitos sin cancelar eran tan largos y difíciles que nadie estaba preparado para acometerlos. Se estimó que, incluso con un ordenador, llevarían por lo menos cuatro años, y había muchas posibilidades de que se cometiese al menos un error, y probablemente más. Por lo tanto, se sabría que se tendría la respuesta correcta sólo si alguien más repetía el cálculo y conseguía el mismo resultado, ¡y eso no parecía muy probable!

A pesar de estos problemas, y de que las partículas de las teorías de supergravedad no parecían corresponderse con las partículas observadas, la mayoría de los científicos creía que la supergravedad constituía probablemente la respuesta correcta al problema de la unificación de la física. Parecía el mejor camino para unificar la gravedad con las otras fuerzas. Sin embargo, en 1984 se produjo un notable cambio de opinión en favor de lo que se conoce como teorías de cuerdas. En estas teorías, los objetos básicos no son partículas que ocupan un único punto del espacio, sino objetos que poseen una longitud pero ninguna otra dimensión más, similares a trozos infinitamente delgados de cuerda. Estas cuerdas pueden tener extremos (las llamadas cuerdas abiertas), o pueden estar unidas consigo mismas en lazos cerrados (cuerdas cerradas) (figura 10.1 y figura 10.2). Una partícula ocupa un punto del espacio en cada instante de tiempo. Así, su historia puede representarse mediante una línea en el espacio-tiempo (la «línea del mundo»). Una cuerda, por el contrario, ocupa una línea en el espacio, en cada instante de

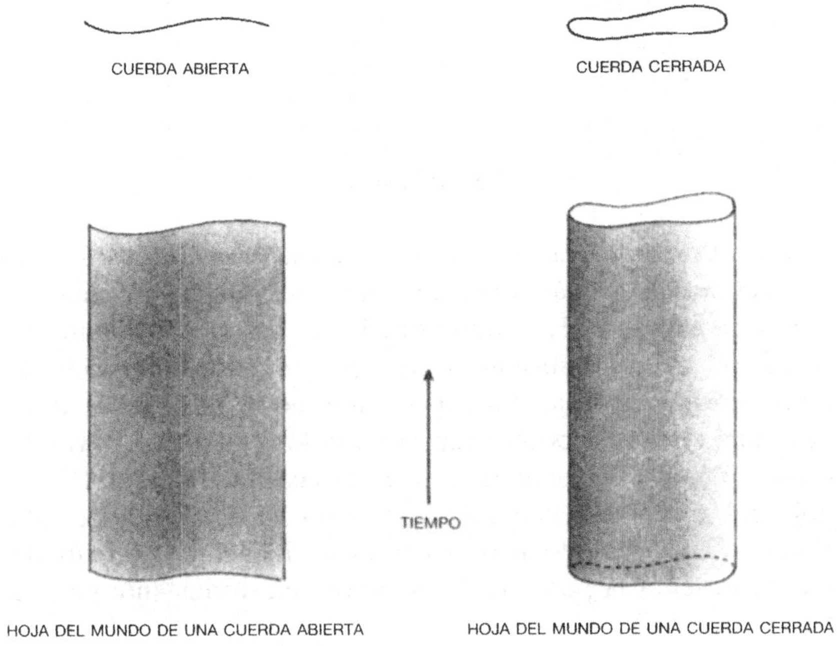


FIGURAS 10.1 y 10.2

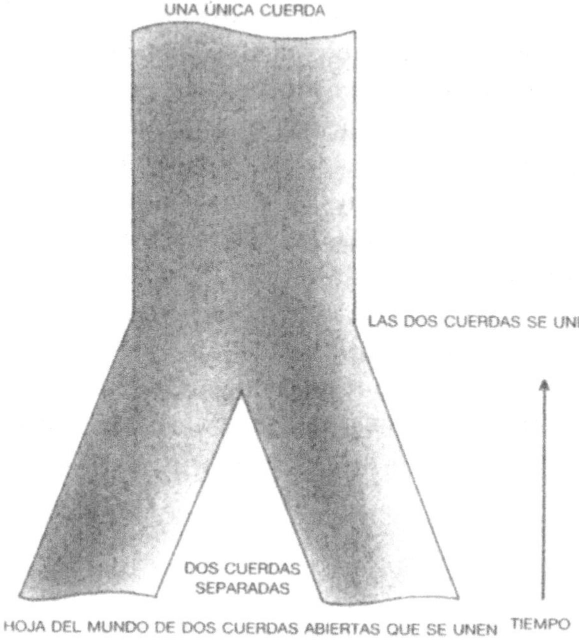


FIGURA 10.3

tiempo. Por tanto, su historia en el espacio-tiempo es una superficie bidimensional llamada la «hoja del mundo». (Cualquier punto en una hoja del mundo puede ser descrito mediante dos números: uno especificando el tiempo y el otro la posición del punto sobre la cuerda.) La hoja del mundo de una cuerda abierta es una cinta; sus bordes representan los caminos a través del espacio-tiempo de los extremos de la cuerda (figura 10.1). La hoja del mundo de una cuerda cerrada es un cilindro o tubo (figura 10.2); una rebanada transversal del tubo es un círculo, que representa la posición de la cuerda en un instante particular.

Dos fragmentos de cuerda pueden juntarse para formar una única cuerda; en el caso de cuerdas abiertas simplemente se

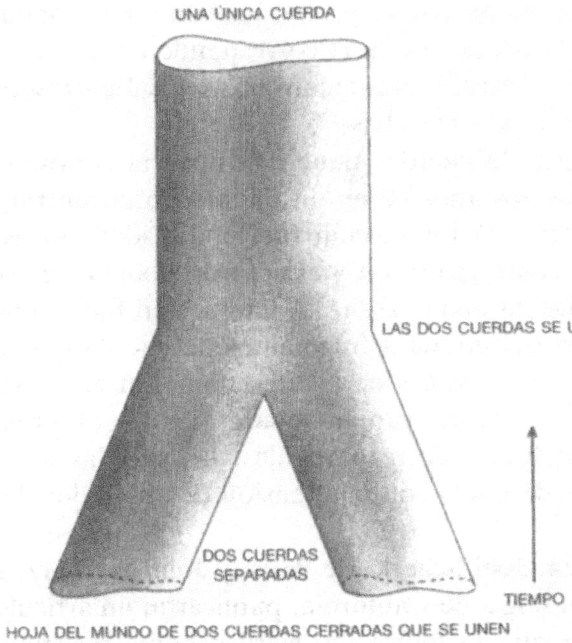


FIGURA 10.4

unen por los extremos (figura 10.3), mientras que en el caso de cuerdas cerradas la unión es similar a las dos piernas de un par de pantalones juntándose (figura 10.4). De forma análoga, un único fragmento de cuerda puede dividirse en dos cuerdas. En las teorías de cuerdas, lo que anteriormente se consideraban partículas, se describen ahora como ondas viajando por la cuerda, como las ondulaciones de la cuerda vibrante de una cometa. La emisión o absorción de una partícula por otra corresponde a la división o reunión de cuerdas. Por ejemplo, la fuerza gravitatoria del Sol sobre la Tierra se describe en las teorías de partículas como causada por la emisión de un gravitón por una partícula en el Sol y su absorción por una partícula en la Tierra (figura 10.5). En la teoría de cuerdas, ese proceso corresponde a un tubo o cañería en forma de H (figura 10.6) (la teoría de cuerdas, en cierto modo, se parece bastante a la fontanería). Los dos lados verticales de la H corresponden a las partículas en el Sol y en la Tierra, y el larguero transversal corresponde al gravitón que viaja entre ellas.

La teoría de cuerdas tiene una historia curiosa. Se inventó a finales de los años 60 en un intento de encontrar una teoría para describir la interacción fuerte. La idea consistía en que partículas como el protón y el neutrón podían ser consideradas como ondas en una cuerda. La interacción fuerte entre las partículas correspondería a fragmentos de cuerda que se extenderían entre otros trozos de cuerda, como en una tela de araña. Para que esta teoría proporcionase el valor observado para la interacción fuerte entre partículas, las cuerdas tenían que ser como tiras de goma con una tensión de alrededor de diez toneladas.

En 1974, Joël Scherk, de París, y John Schwarz, del Instituto de Tecnología de California, publicaron un artículo en el que mostraban que la teoría de cuerdas podía describir la fuerza gravitatoria, pero sólo si la tensión en la cuerda fuese mucho

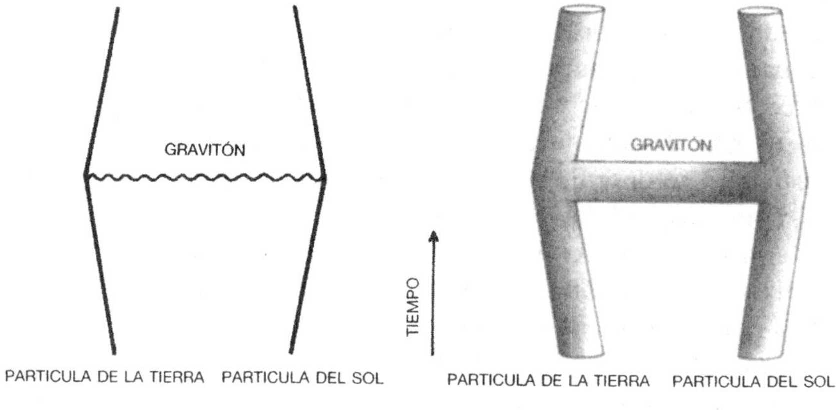


FIGURAS 10.5 y 10.6

más elevada, alrededor de mil billones de billones de billones de toneladas (un 1 con treinta y nueve ceros detrás). Las predicciones de la teoría de cuerdas serían las mismas que las de la relatividad general a escalas de longitud normales, pero diferirían a distancias muy pequeñas, menores que una milésima de una millonésima de billonésima de billonésima de centímetro (un centímetro dividido por un 1 con treinta y tres ceros detrás). Su trabajo no recibió mucha atención, sin embargo, debido a que justo en aquel momento la mayoría de las personas abandonaban la teoría de cuerdas original para la interacción fuerte, en favor de la teoría basada en los *quarks* y los gluones, que parecía ajustarse mucho mejor a las observaciones. Scherk murió en circunstancias trágicas (padecía diabetes y sufrió un coma en un momento en que no había nadie cerca de él para ponerle una inyección de insulina). Así, Schwarz se quedó solo como defensor casi único de la teoría de cuerdas, pero ahora con un valor propuesto para la tensión de la cuerda mucho más elevado.

En 1984, el interés por las cuerdas resucitó de repente, aparentemente por dos razones. Una era que la gente no estaba haciendo, en realidad, muchos progresos, en el camino de mostrar que la supergravedad era finita o que podía explicar los tipos de partículas que observamos. La otra fue la publicación de un artículo de John Schwarz y Mike Green, del Queen Mary College, de Londres, que mostraba que la teoría de cuerdas podía ser capaz de explicar la existencia de partículas que tienen incorporado un carácter levógiro, como algunas de las partículas que observamos. Cualesquiera que fuesen las razones, pronto un gran número de personas comenzó a trabajar en la teoría de cuerdas, y se desarrolló una nueva versión, las llamadas cuerdas «heteróticas», que parecía que podría ser capaz de explicar los tipos de partículas que observamos.

Las teorías de cuerdas también conducen a infinitos, pero se piensa que todos ellos desaparecerán en versiones como la de las cuerdas heteróticas (aunque esto no se sabe aún con certeza). Las teorías de cuerdas, sin embargo, presentan un problema mayor: parecen ser consistentes ¡sólo si el espacio-tiempo tiene o diez o veintiséis dimensiones, en vez de las cuatro usuales! Por supuesto, las dimensiones extra del espacio-tiempo constituyen un lugar común para la ciencia ficción; verdaderamente, son casi una necesidad para ésta, ya que de otro modo el hecho de que la relatividad implique que no se puede viajar más rápido que la luz significa que se tardaría demasiado tiempo en viajar entre estrellas y galaxias. La idea de la ciencia ficción es que tal vez se puede tomar un atajo a través de una dimensión superior. Es posible imaginárselo de la siguiente manera. Supongamos que el espacio en el que vivimos tiene sólo dos dimensiones y está curvado como la superficie de una argolla de ancla o toro (figura 10.7). Si se estuviese en un lugar del lado interior del anillo y se quisiese ir a un punto situado enfrente, se tendría que ir alrededor del lado interior del anillo. Sin embargo, si uno fuese capaz de viajar en la tercera dimensión, podría cortar en línea recta.

¿Por qué no notamos todas esas dimensiones extra, si están realmente ahí? ¿Por qué vemos solamente tres dimensiones espaciales y una temporal? La sugerencia es que las otras dimensiones están curvadas en un espacio muy pequeño, algo así como una billonésima de una billonésima de una billonésima de un centímetro. Eso es tan pequeño que sencillamente no lo notamos; vemos solamente una dimensión temporal y tres espaciales, en las cuales el espacio-tiempo es bastante plano. Es como la superficie de una naranja: si se la mira desde muy cerca está toda curvada y arrugada, pero si se la mira a distancia no se ven las protuberancias y parece que es lisa. Lo mismo ocurre con el espacio-tiempo: a una escala muy pequeña tiene diez dimensiones y está muy curvado, pero a escalas mayores no se ven ni la curvatura ni las dimensiones extra. Si esta imagen fuese correcta, presagiaría malas noticias para los aspirantes a via-

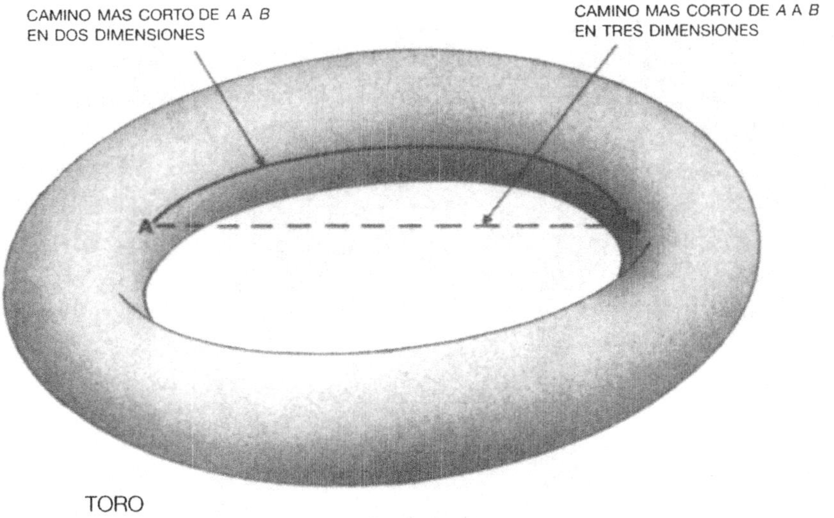


FIGURA 10.7

jeros: las dimensiones extra serían con mucho demasiado pequeñas para admitir una nave espacial entera. Plantea, sin embargo, otro problema importante. ¿Por qué deben estar arrolladas en un pequeño ovillo algunas de las dimensiones, pero no todas? Presumiblemente, en el universo primitivo todas las dimensiones habrían estado muy curvadas. ¿Por qué sólo se aplanaron una dimensión temporal y tres espaciales, mientras que las restantes dimensiones permanecieron fuertemente arrolladas?

Una posible respuesta la encontraríamos en el principio antrópico. Dos dimensiones espaciales no parecen ser suficientes para permitir el desarrollo de seres complicados como nosotros. Por ejemplo, animales bidimensionales sobre una tierra unidimensional tendrían que trepar unos sobre otros para adelantarse. Si una criatura bidimensional comiese algo no podría digerirlo completamente, tendría que vomitar los residuos por el mismo camino por el que se los tragó, ya que si hubiese un paso

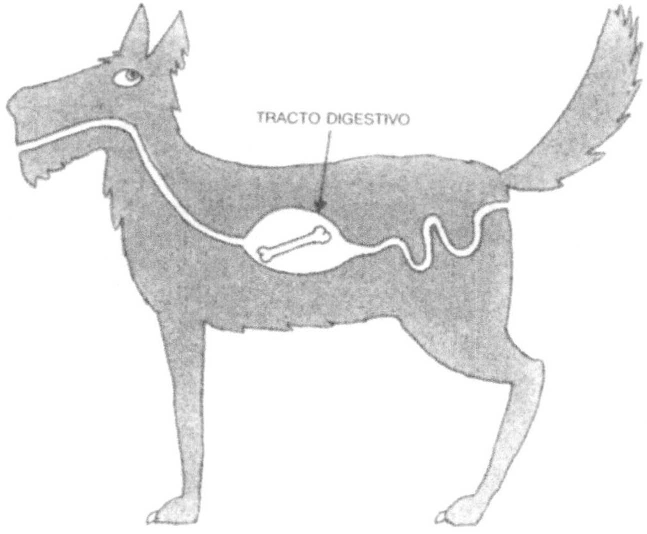


ANIMAL BIDIMENSIONAL

FIGURA 10.8

a través de su cuerpo dividiría a la criatura en dos mitades separadas; nuestro ser bidimensional se rompería (figura 10.8). Análogamente, es difícil de entender cómo podría haber circulación de la sangre en una criatura bidimensional.

También habría problemas con más de tres dimensiones espaciales. La fuerza gravitatoria entre dos cuerpos disminuiría con la distancia más rápidamente de lo que lo hace en tres dimensiones. (En tres dimensiones, la fuerza gravitatoria cae a 1/4 si se duplica la distancia. En cuatro dimensiones caería a 1/8, en cinco dimensiones a 1/16, y así sucesivamente.) El significado de todo esto es que las órbitas de los planetas alrededor del Sol, como por ejemplo la de la Tierra, serían inestables: la menor perturbación (tal como la producida por la atracción gravitatoria de los otros planetas) sobre una órbita circular daría como resultado el que la Tierra girara en espiral, o bien hacia el Sol o bien alejándose de él. O nos helaríamos o nos achicharraríamos. De hecho, el mismo comportamiento de la gravedad con la distancia en más de tres dimensiones espaciales significaría que el Sol no podría existir en un estado estable, en el que la presión compensase a la gravedad. O se rompería o se colapsaría para formar un agujero negro. En cualquier caso no sería de mucha utilidad como fuente de calor y de luz para la vida sobre la Tierra. A una escala más pequeña, las fuerzas eléctricas que hacen que los electrones giren alrededor del núcleo en un átomo se comportarían del mismo modo que las fuerzas gravitatorias. Así, los electrones o escaparían totalmente del átomo o caerían en espiral en el núcleo. En cualquiera de los dos casos no podría haber átomos como nosotros los conocemos.

Parece evidente que la vida, al menos como nosotros la conocemos, puede existir solamente en regiones del espacio-tiempo en las que una dimensión temporal y tres dimensiones espaciales no están muy arrolladas. Esto significa que se podría recurrir al principio antrópico débil, en el supuesto de que se pudiese demostrar que la teoría de cuerdas permite al menos que existan tales regiones en el universo (y parece que verdaderamente lo permite). Podría haber perfectamente otras regiones del universo, u otros universos (sea lo que sea lo que *eso* pueda significar), en las cuales todas las dimensiones estuvieran muy arrolladas o en las que fueran aproximadamente planas más de cuatro dimensiones, pero no habría seres inteligentes en esas regiones para observar el número diferente de dimensiones efectivas.

Aparte de la cuestión del número de dimensiones que el espacio-tiempo parece tener, la teoría de cuerdas plantea aún otros problemas que tienen que ser resueltos antes de que pueda ser reconocida como la teoría unificada definitiva de la física. No sabemos aún si todos los infinitos se cancelarán unos a otros, o cómo relacionar exactamente las ondas sobre la cuerda con los tipos específicos de partículas que observamos. No obstante, es probable que en los próximos años se encuentren respuestas a estas preguntas, y que hacia el final de siglo sepamos si la teoría de cuerdas constituye verdaderamente la muy codiciada teoría unificada de la física.

Pero, ¿puede haber en realidad una tal teoría unificada? ¿O estamos tal vez persiguiendo únicamente un espejismo? Parece haber tres posibilidades:

1. Existe realmente una teoría unificada completa, que descubriremos algún día si somos lo suficientemente inteligentes.

2. No existe ninguna teoría definitiva del universo, sino una sucesión infinita de teorías que describen el universo cada vez con más precisión.

3. No hay ninguna teoría del universo; los acontecimientos no pueden predecirse más allá de cierto punto, ya que ocurren de una manera aleatoria y arbitraria.

Algunos sostendrían la tercera posibilidad sobre la base de que, si hubiese un conjunto completo de leyes, ello iría en contra de la libertad de Dios de cambiar de opinión e intervenir en el mundo. Es algo parecido a la vieja paradoja: ¿puede Dios hacer una piedra tan pesada que él no pueda levantarla? Sin embargo, la idea de que Dios pudiese querer cambiar de opinión es un ejemplo de la falacia, señalada por san Agustín, de imaginar a Dios como un ser que existe en el tiempo: el tiempo es una propiedad sólo del universo que Dios creó. Al parecer ¡sabía lo que quería cuando lo construyó!

Con el advenimiento de la mecánica cuántica hemos llegado a reconocer que los acontecimientos no pueden predecirse con completa precisión, sino que hay siempre un grado de incertidumbre. Si se quiere, puede atribuirse esa aleatoriedad a la intervención de Dios, pero se trataría de una intervención muy extraña; no hay ninguna evidencia de que esté dirigida hacia ningún propósito. Si tuviera alguno no sería, por definición, aleatoria. En los tiempos modernos hemos eliminado de hecho la tercera posibilidad, redefiniendo el objeto de la ciencia: nuestra intención es formular un conjunto de leyes que nos permitan predecir acontecimientos sólo hasta el límite impuesto por el principio de incertidumbre.

La segunda posibilidad, la de que exista una sucesión infinita de teorías más y más refinadas, está de acuerdo con toda nuestra experiencia hasta el momento. En muchas ocasiones hemos aumentado la sensibilidad de nuestras medidas o hemos realizado un nuevo tipo de observaciones, descubriendo nuevos fenómenos que no eran predichos por la teoría existente, y para explicarlos hemos tenido que desarrollar una teoría más avanzada. No sería, por tanto, muy sorprendente si la generación actual de teorías de gran unificación estuviese equivocada, al pretender que nada esencialmente nuevo ocurrirá entre la energía de unificación electrodébil, de alrededor de 100 GeV, y la energía de gran unificación, de alrededor de mil billones de GeV. Podríamos, en verdad, esperar encontrar varios niveles de estructura más básicos que los *quarks* y electrones que ahora consideramos como partículas «elementales».

Sin embargo, parece que la gravedad puede poner un límite a esta sucesión de «cajas dentro de cajas». Si hubiese una partícula con una energía por encima de lo que se conoce como energía de Planck, diez millones de billones de GeV (un 1 seguido de diecinueve ceros), su masa estaría tan concentrada que se amputaría ella misma del resto del universo y formaría un pequeño agujero negro. De este modo, parece que la sucesión de teorías más y más refinadas debe tener algún límite a medida que vamos hacia energías cada vez más altas, por lo tanto, debe existir alguna teoría definitiva del universo. Por supuesto, la energía de Planck está muy lejos de las energías de alrededor de 100 GeV que son lo máximo que se puede producir en el laboratorio en el momento actual.¡No salvaremos el hueco con aceleradores de partículas en un futuro previsible! Las etapas iniciales del universo, sin embargo, fueron un ruedo en el que tales energías tuvieron que haberse dado. Pienso que hay una gran probabilidad de que el estudio del universo primitivo y las exigencias de consistencia matemática nos conduzcan a una teoría unificada completa dentro del período de la vida de alguno de los que estamos hoy aquí, siempre suponiendo que antes no nos aniquilemos a nosotros mismos.

¿Qué supondría descubrir realmente la teoría última del universo? Como se explicó en el capítulo 1, nunca podríamos estar suficientemente seguros de haber encontrado verdaderamente la teoría correcta, ya que las teorías no pueden ser demostradas. Pero si la teoría fuese matemáticamente consistente e hiciese predicciones que concordasen siempre con las observaciones, podríamos estar razonablemente seguros de que se trataría de la correcta. Llegaría a su fin un largo y glorioso capítulo en la historia de la lucha intelectual de la humanidad por comprender el universo. Pero ello también revolucionaría la comprensión de las leyes que lo gobiernan por parte de las personas corrientes. En la época de Newton, era posible, para una persona instruida, abarcar todo el conocimiento humano, al menos en términos generales. Pero, desde entonces, el ritmo de desarrollo de la ciencia lo ha hecho imposible. Debido a que las teorías están siendo modificadas continuamente para explicar nuevas observaciones, nunca son digeridas debidamente o simplificadas de manera que la gente común pueda entenderlas. Es necesario ser un especialista, e incluso entonces sólo se puede tener la esperanza de dominar correctamente una pequeña parte de las teorías científicas. Además, el ritmo de progreso es tan rápido que lo que se aprende en la escuela o en la universidad está siempre algo desfasado. Sólo unas pocas personas pueden ir al paso del rápido avance de la frontera del conocimiento, y tienen que dedicar todo su tiempo a ello y especializarse en un área reducida. El resto de la población tiene poca idea de los adelantos que se están haciendo o de la expectación que están generando. Hace setenta años, si tenemos que creer a Eddington, sólo dos personas entendían la teoría general de la relatividad. Hoy en día decenas de miles de graduados universitarios la entienden y a muchos millones de personas les es al menos familiar la idea. Si se descubriese una teoría unificada completa, sería sólo una cuestión de tiempo el que fuese digerida y simplificada del mismo modo y enseñada en las escuelas, al menos en términos generales. Todos seríamos capaces, entonces, de poseer alguna comprensión de las leyes que gobiernan el universo y son responsables de nuestra existencia.

Incluso si descubriésemos una teoría unificada completa, ello no significaría que fuésemos capaces de predecir acontecimientos en general, por dos razones. La primera es la limitación que el principio de incertidumbre de la mecánica cuántica establece sobre nuestra capacidad de predicción. No hay nada que podamos hacer para darle la vuelta a esto. En la práctica, sin embargo, esta primera limitación es menos restrictiva que la segunda. Ésta surge del hecho de que no podríamos resolver exactamente las ecuaciones de la teoría, excepto en situaciones muy sencillas. (Incluso no podemos resolver exactamente el movimiento de tres cuerpos en la teoría de la gravedad de Newton, y la dificultad aumenta con el número de cuerpos y la complejidad de la teoría.) Conocemos ya las leyes que gobiernan el comportamiento de la materia en todas las condiciones excepto en las más extremas. En particular, conocemos las leyes básicas que subyacen bajo toda la química y la biología. Ciertamente, aún no hemos reducido estas disciplinas al estado de problemas resueltos; ¡hemos tenido, hasta ahora, poco éxito prediciendo el comportamiento humano a partir de ecuaciones matemáticas! Por lo tanto, incluso si encontramos un conjunto completo de leyes básicas, quedará todavía para los años venideros la tarea intelectualmente retadora de desarrollar mejores métodos de aproximación, de modo que podamos hacer predicciones útiles sobre los resultados probables en situaciones complicadas y realistas. Una teoría unificada completa, consistente, es sólo el primer paso: nuestra meta es una completa *comprensión* de lo que sucede a nuestro alrededor y de nuestra propia existencia.

# Capítulo 11

# CONCLUSIÓN

Nos hallamos en un mundo desconcertante. Queremos darle sentido a lo que vemos a nuestro alrededor, y nos preguntamos: ¿cuál es la naturaleza del universo? ¿Cuál es nuestro lugar en él, y de dónde surgimos él y nosotros? ¿Por qué es como es?

Para tratar de responder a estas preguntas adoptamos una cierta «imagen del mundo». Del mismo modo que una torre infinita de tortugas sosteniendo a una Tierra plana es una imagen mental, lo es la teoría de las supercuerdas. Ambas son teorías del universo, aunque la última es mucho más matemática y precisa que la primera. A ambas teorías les falta comprobación experimental: nadie ha visto nunca una tortuga gigante con la Tierra sobre su espalda, pero tampoco ha visto nadie una supercuerda. Sin embargo, la teoría de la tortuga no es una teoría científica porque supone que la gente debería poder caerse por el borde del mundo. No se ha observado que esto coincida con la experiencia, ¡salvo que resulte ser la explicación de por qué ha desaparecido, supuestamente, tanta gente en el Triángulo de las Bermudas!

Los primeros intentos teóricos de describir y explicar el universo involucraban la idea de que los sucesos y los fenómenos naturales eran controlados por espíritus con emociones humanas, que actuaban de una manera muy humana e impredecible. Estos espíritus habitaban en lugares naturales, como ríos y montañas, incluidos los cuerpos celestes, como el Sol y la Luna. Tenían que ser aplacados y había que solicitar sus favores para asegurar la fertilidad del suelo y la sucesión de las estaciones. Gradualmente, sin embargo, tuvo que observarse que había algunas regularidades: el Sol siempre salía por el este y se ponía por el oeste se hubiese o no se hubiese hecho un sacrificio al dios del Sol. Además, el Sol, la Luna y los planetas seguían caminos precisos a través del cielo, que podían predecirse con antelación y con precisión considerables. El Sol y la Luna podían aún ser dioses, pero eran dioses que obedecían leyes estrictas, aparentemente sin ninguna excepción, si se dejan a un lado historias como la de Josué deteniendo el Sol.

Al principio, estas regularidades y leyes eran evidentes sólo en astronomía y en pocas situaciones más. Sin embargo, a medida que la civilización evolucionaba, y particularmente en los últimos 300 años, fueron descubiertas más y más regularidades y leyes. El éxito de estas leyes llevó a Laplace, a principios del siglo XIX, a postular el determinismo científico, es decir, sugirió que había un conjunto de leyes que determinarían la evolución del universo con precisión, dada su configuración en un instante.

El determinismo de Laplace era incompleto en dos sentidos. No decía cómo deben elegirse las leyes y no especificaba la configuración inicial del universo. Esto se lo dejaba a Dios. Dios eligiría cómo comenzó el universo y qué leyes obedecería, pero no intervendría en el universo una vez que éste se hubiese puesto en marcha. En realidad, Dios fue confinado a las áreas que la ciencia del siglo XIX no entendía.

Sabemos ahora que las esperanzas de Laplace sobre el determinismo no pueden hacerse realidad, al menos en los términos que él pensaba. El principio de incertidumbre de la mecánica cuántica implica que ciertas parejas de cantidades, como la posición y la velocidad de una partícula, no pueden predecirse con completa precisión.

La mecánica cuántica se ocupa de esta situación mediante un tipo de teorías cuánticas en las que las partículas no tienen posiciones ni velocidades bien definidas, sino que están representadas por una onda. Estas teorías cuánticas son deterministas en el sentido de que proporcionan leyes sobre la evolución de la onda en el tiempo. Así, si se conoce la onda en un instante, puede calcularse en cualquier otro instante. El elemento aleatorio, impredecible, entra en juego sólo cuando tratamos de interpretar la onda en términos de las posiciones y velocidades de partículas. Pero quizás ése es nuestro error: tal vez no existan posiciones y velocidades de partículas, sino sólo ondas. Se trata simplemente de que intentamos ajustar las ondas a nuestras ideas preconcebidas de posiciones y velocidades. El mal emparejamiento que resulta es la causa de la aparente impredictibilidad.

En realidad, hemos redefinido la tarea de la ciencia como el descubrimiento de leyes que nos permitan predecir acontecimientos hasta los límites impuestos por el principio de incertidumbre. Queda, sin embargo, la siguiente cuestión: ¿cómo o por qué fueron escogidas las leyes y el estado inicial del universo?

En este libro he dado especial relieve a las leyes que gobiernan la gravedad, debido a que es la gravedad la que determina la estructura del universo a gran escala, a pesar de que es la más débil de las cuatro categorías de fuerzas. Las leyes de la gravedad eran incompatibles con la perspectiva mantenida hasta hace muy poco de que el universo no cambia con el tiempo: el hecho de que la gravedad sea siempre atractiva implica que el universo tiene que estar expandiéndose o contrayéndose. De acuerdo con la teoría general de la relatividad, tuvo que haber habido un estado de densidad infinita en el pasado, el *big bang*, que habría constituido un verdadero principio del tiempo. De forma análoga, si el universo entero se colapsase de nuevo tendría que haber otro estado de densidad infinita en el futuro, el *big crunch*, que constituiría un final del tiempo. Incluso si no se colapsase de nuevo, habría singularidades en algunas regiones localizadas que se colapsarían para formar agujeros negros. Estas singularidades constituirían un final del tiempo para cualquiera que cayese en el agujero negro. En el *big bang* y en las otras singularidades todas las leyes habrían fallado, de modo que Dios aún habría tenido completa libertad para decidir lo que sucedió y cómo comenzó el universo.

Cuando combinamos la mecánica cuántica con la relatividad general parece haber una nueva posibilidad que no surgió antes: el espacio y el tiempo juntos podrían formar un espacio de cuatro dimensiones finito, sin singularidades ni fronteras, como la superficie de la Tierra pero con más dimensiones. Parece que esta idea podría explicar muchas de las características observadas del universo, tales como su uniformidad a gran escala y también las desviaciones de la homogeneidad a más pequeña escala, como las galaxias, estrellas e incluso los seres humanos. Podría incluso explicar la flecha del tiempo que observamos. Pero si el universo es totalmente autocontenido, sin singularidades ni fronteras, y es descrito completamente por una teoría unificada, todo ello tiene profundas implicaciones sobre el papel de Dios como Creador.

Einstein una vez se hizo la pregunta: «¿cuántas posibilidades de elección tenía Dios al construir el universo?». Si la propuesta de la no existencia de frontera es correcta, no tuvo ninguna libertad en absoluto para escoger las condiciones iniciales. Habría tenido todavía, por supuesto, la libertad de escoger las leyes que el universo obedecería. Esto, sin embargo, pudo no haber sido realmente una verdadera elección; puede muy bien existir sólo una, o un pequeño número de teorías unificadas completas, tales como la teoría de las cuerdas heteróticas, que sean autoconsistentes y que permitan la existencia de estructuras tan complicadas como seres humanos que puedan investigar las leyes del universo e interrogarse acerca de la naturaleza de Dios.

Incluso si hay sólo una teoría unificada posible, se trata únicamente de un conjunto de reglas y de ecuaciones. ¿Qué es lo que insufla fuego en las ecuaciones y crea un universo que puede ser descrito por ellas? El método usual de la ciencia de construir un modelo matemático no puede responder a las preguntas de por qué debe haber un universo que sea descrito por el modelo. ¿Por qué atraviesa el universo por todas las dificultades de la existencia? ¿Es la teoría unificada tan convincente que ocasiona su propia existencia? O necesita un creador y, si es así, ¿tiene éste algún otro efecto sobre el universo? ¿Y quién lo creó a él?

Hasta ahora, la mayoría de los científicos han estado demasiado ocupados con el desarrollo de nuevas teorías que describen *cómo* es el universo para hacerse la pregunta de *por qué*. Por otro lado, la gente cuya ocupación es preguntarse *por qué*, los filósofos, no han podido avanzar al paso de las teorías científicas. En el siglo XVIII, los filósofos consideraban todo el conocimiento humano, incluida la ciencia, como su campo, y discutían cuestiones como, ¿tuvo el universo un principio? Sin embargo, en los siglos XIX y XX, la ciencia se hizo demasiado técnica y matemática para ellos, y para cualquiera, excepto para unos pocos especialistas. Los filósofos redujeron tanto el ámbito de sus indagaciones que Wittgenstein, el filósofo más famoso de este siglo, dijo: «la única tarea que le queda a la filosofía es el análisis del lenguaje». ¡Que distancia desde la gran tradición filosófica de Aristóteles a Kant!

No obstante, si descubrimos una teoría completa, con el tiempo habrá de ser, en sus líneas maestras, comprensible para todos y no únicamente para unos pocos científicos. Entonces todos, filósofos, científicos y la gente corriente, seremos capaces de tomar parte en la discusión de por qué existe el universo y por qué existimos nosotros. Si encontrásemos una respuesta a esto, sería el triunfo definitivo de la razón humana, porque entonces conoceríamos el pensamiento de Dios.

# ALBERT EINSTEIN

La conexión de Einstein con la política de la bomba nuclear es bien conocida: firmó la famosa carta al presidente Franklin Roosevelt que impulsó a los Estados Unidos a plantearse en serio la cuestión, y tomó parte en los esfuerzos de la posguerra para impedir la guerra nuclear. Pero éstas no fueron las únicas acciones de un científico arrastrado al mundo de la política. La vida de Einstein estuvo de hecho, utilizando sus propias palabras, «dividida entre la política y las ecuaciones».

La primera actividad política de Einstein tuvo lugar durante la primera guerra mundial, cuando era profesor en Berlín. Asqueado por lo que entendía como un despilfarro de vidas humanas, se sumó a las manifestaciones antibélicas. Su defensa de la desobediencia civil y su aliento público para que la gente rechazase el servicio militar obligatorio no le granjearon las simpatías de sus colegas. Luego, después de la guerra, dirigió sus esfuerzos hacia la reconciliación y la mejora de las relaciones internacionales. Esto tampoco le hizo popular, y pronto sus actitudes políticas le hicieron difícil el poder visitar los Estados Unidos, incluso para dar conferencias.

La segunda gran causa de Einstein fue el sionismo. Aunque era de ascendencia judía, Einstein rechazó la idea bíblica de Dios. Sin embargo, al advertir cómo crecía el antisemitismo, tanto antes como durante la primera guerra mundial, se identificó gradualmente con la comunidad judía, y, más tarde, se hizo abierto partidario del sionismo. Una vez más la impopularidad no le impidió hablar de sus ideas. Sus teorías fueron atacadas; se fundó incluso una organización anti-Einstein. Un hombre fue condenado por incitar a otros a asesinar a Einstein (y multado sólo con seis dólares). Pero Einstein era flemático: cuando se publicó un libro titulado *100 autores en contra de Einstein*, él replicó, «¡Si yo estuviese equivocado, uno solo habría sido suficiente!».

En 1933, Hitler llegó al poder. Einstein estaba en América, y declaró que no regresaría a Alemania. Luego, mientras la milicia nazi invadía su casa y confiscaba su cuenta bancaria, un periódico de Berlín desplegó en titulares, «Buenas noticias de Einstein: no vuelve». Ante la amenaza nazi, Einstein renunció al pacifismo, y, finalmente, temiendo que los científicos alemanes construyesen una bomba nuclear, propuso que los Estados Unidos fabricasen la suya. Pero, incluso antes de que estallara la primera bomba atómica advertía públicamente sobre los peligros de la guerra nuclear y proponía el control internacional de las armas atómicas.

Durante toda su vida, los esfuerzos de Einstein por la paz probablemente no lograron nada duradero, y, ciertamente, le hicieron ganar pocos amigos. Su elocuente apoyo a la causa sionista, sin embargo, fue debidamente reconocido en 1952, cuando le fue ofrecida la presidencia de Israel. Él rehusó, diciendo que creía que era demasiado ingenuo para la política. Pero tal vez su verdadera razón era diferente: utilizando de nuevo sus palabras, «las ecuaciones son más importantes para mí, porque la política es para el presente, pero una ecuación es algo para la eternidad».

# GALILEO GALILEI

Tal vez más que ninguna otra persona, Galileo fue el responsable del nacimiento de la ciencia moderna. Su célebre conflicto con la Iglesia católica afectaba al núcleo de su pensamiento filosófico, ya que Galileo fue uno de los primeros en sostener que el hombre podía llegar a comprender cómo funciona el mundo, y, además, que podría hacerlo observando el mundo real.

Galileo había creído en la teoría copernicana (que los planetas giraban alrededor del Sol) desde muy pronto, pero sólo cuando encontró la evidencia necesaria para sostener la idea, comenzó a apoyarla públicamente. Escribió sobre la teoría de Copérnico en italiano (no en el latín académico usual), y rápidamente sus puntos de vista fueron respaldados ampliamente fuera de las universidades. Esto molestó a los profesores aristotélicos, que se unieron contra él intentando convencer a la Iglesia católica de que prohibiese el copernicanismo.

Galileo, preocupado por ello, viajó a Roma para hablar con las autoridades eclesiásticas. Arguyó que la Biblia no estaba pensada para decirnos nada sobre las teorías científicas, y que era normal suponer que cuando la Biblia entraba en conflicto con el sentido común estaba siendo alegórica. Pero la Iglesia estaba temerosa de un escándalo que pudiese debilitar su lucha contra el protestantismo, y, por tanto, tomó medidas represivas. En 1616, declaró al copernicanismo «falso y erróneo», y ordenó a Galileo no «defender o sostener» la doctrina nunca más. Galileo se sometió.

En 1623, un antiguo amigo de Galileo fue hecho papa. Inmediatamente, Galileo trató de que el decreto de 1616 fuese revocado. Fracasó, pero consiguió obtener permiso para escribir un libro discutiendo las teorías aristotélica y copernicana, aunque con dos condiciones: que no tomaría partido por ninguna de ellas y que llegaría a la conclusión de que el hombre no podría determinar en ningún caso cómo funciona el mundo, ya que Dios podría producir los mismos efectos por caminos inimaginados por el hombre, el cual no podía poner restricciones a la omnipotencia divina.

El libro, *Diálogo sobre los dos máximos sistemas del mundo*, fue terminado y publicado en 1632, con el respaldo absoluto de los censores, y fue inmediatamente recibido en toda Europa como una obra maestra, literaria y filosófica. Pronto el papa, dándose cuenta de que la gente estaba viendo el libro como un convincente argumento en favor del copernicanismo, se arrepintió de haber permitido su publicación. El papa argumentó que, aunque el libro tenía la bendición oficial de los censores, Galileo había contravenido el decreto de 1616. Llevó a Galileo ante la Inquisición, que lo sentenció a prisión domiciliaria de por vida y le ordenó que renunciase públicamente al copernicanismo. Por segunda vez, Galileo se sometió.

Galileo siguió siendo un católico fiel, pero su creencia en la independencia de la ciencia no había sido destruida. Cuatro años antes de su muerte, en 1642, mientras estaba aún preso en su casa, el manuscrito de su segundo libro importante fue pasado de contrabando a un editor en Holanda. Este trabajo, conocido como *Dos nuevas ciencias*, más incluso que su apoyo a Copérnico, fue lo que iba a constituir la génesis de la física moderna.

# ISAAC NEWTON

Isaac Newton no era un hombre afable. Sus relaciones con otros académicos fueron escandalosas, pasando la mayor parte de sus últimos tiempos enredado en acaloradas disputas. Después de la publicación de los *Principia Mathematica* (seguramente el libro más influyente jamás escrito en el campo de la física), Newton había ascendido rápidamente en importancia pública. Fue nombrado presidente de la Royal Society, y se convirtió en el primer científico de todos los tiempos que fue armado caballero.

Newton entró pronto en pugna con el astrónomo real, John Flamsteed, quien antes le había proporcionado muchos de los datos necesarios para los *Principia*, pero que ahora estaba ocultando información que Newton quería. Newton no aceptaría un no por respuesta; él mismo se había nombrado para la junta directiva del Observatorio Real, y trató entonces de forzar la publicación inmediata de los datos. Finalmente, se las arregló para que el trabajo de Flamsteed cayese en las manos de su enemigo mortal, Edmond Halley, y fuese preparado para su publicación. Pero Flamsteed llevó el caso a los tribunales y, en el último momento, consiguió una orden judicial impidiendo la distribución del trabajo robado. Newton se encolerizó, y buscó su venganza eliminando sistemáticamente todas las referencias a Flamsteed en posteriores ediciones de los *Principia*.

Mantuvo una disputa más seria con el filósofo alemán Gottfried Leibniz. Ambos, Leibniz y Newton, habían desarrollado independientemente el uno del otro una rama de las matemáticas llamada cálculo, que está en la base de la mayor parte de la física moderna. Aunque sabemos ahora que Newton descubrió el cálculo años antes que Leibniz, publicó su trabajo mucho después. Sobrevino un gran escándalo sobre quién había sido el primero, con científicos que defendían vigorosamente a cada uno de los contendientes. Hay que señalar, no obstante, que la mayoría de los artículos que aparecieron en defensa de Newton estaban escritos originalmente por su propia mano, ¡y publicados bajo el nombre de amigos! Cuando el escándalo creció, Leibniz cometió el error de recurrir a la Royal Society para resolver la disputa. Newton, como presidente, nombró un comité «imparcial» para que investigase, ¡casualmente compuesto en su totalidad por amigos suyos! Pero eso no fue todo: Newton escribió entonces él mismo los informes del comité e hizo que la Royal Society los publicara, acusando oficialmente a Leibniz de plagio. No satisfecho todavía, escribió además un análisis anónimo del informe en la propia revista de la Royal Society. Después de la muerte de Leibniz, se cuenta que Newton declaró que había sentido gran satisfacción «rompiendo el corazón de Leibniz».

En la época de estas dos disputas, Newton había abandonado ya Cambridge y la vida universitaria. Había participado activamente en la política anticatólica en dicha ciudad, y posteriormente en el Parlamento, y fue recompensado finalmente con el lucrativo puesto de director de la Real Casa de la Moneda. Allí pudo desplegar su carácter taimado y corrosivo de una manera socialmente más aceptable, dirigiendo con éxito una importante campaña contra la falsificación de moneda que llevó incluso a varios hombres a la horca.

# GLOSARIO

**aceleración:** Ritmo al que cambia la velocidad de un objeto.

**acelerador de partículas:** Máquina que, empleando electroimanes, puede acelerar partículas cargadas en movimiento, dándoles más energía.

**agujero negro:** Región del espacio-tiempo de la cual nada, ni siquiera la luz, puede escapar, debido a la enorme intensidad de la gravedad (capítulo 6).

**agujero negro primitivo:** Agujero negro creado en el universo primitivo (página 135).

**antipartícula:** Cada tipo de partícula material tiene una antipartícula correspondiente. Cuando una partícula choca con su antipartícula se aniquilan ambas, quedando sólo energía (páginas 99-100).

**átomo:** Unidad básica de la materia ordinaria, compuesta de un núcleo diminuto (consistente en protones y neutrones) rodeado por electrones que giran alrededor de él (página 88).

**big bang:** La singularidad en el principio del universo (página 73).

**big crunch:** La singularidad en el final del universo.

**campo:** Algo que existe a través de todo el tiempo y el espacio, en oposición a una partícula que existe en un solo punto en un instante.

**campo magnético:** El responsable de las fuerzas magnéticas, actualmente incluido, junto con el campo eléctrico, dentro del campo electromagnético.

**carga eléctrica:** Propiedad de una partícula por la cual puede repeler (o atraer) a otras partículas que tengan una carga del mismo (u opuesto) signo.

**cero absoluto:** La temperatura más baja posible, en la cual una sustancia no contiene ninguna energía calorífica.

**condición de que no haya frontera:** Tesis de que el universo es finito, pero no tiene ninguna frontera (en el tiempo imaginario) (página 181).

**cono de luz:** Superficie en el espacio-tiempo que marca las posibles direcciones para los rayos de luz que pasan por un suceso dado (página 47).

**conservación de la energía:** Ley de la ciencia que afirma que la energía (o su equivalente en masa) no puede ser creada ni destruida.

**constante cosmológica:** Recurso matemático empleado por Einstein para dar al espacio-tiempo una tendencia inherente a expandirse (página 65).

**coordenadas:** Números que especifican la posición de un punto en el espacio y en el tiempo (página 44).

**cosmología:** Estudio del universo como un todo.

**cuanto:** Unidad indivisible, en la que las ondas pueden ser emitidas o absorbidas (página 82).

**desplazamiento hacia el rojo:** Enrojecimiento de la luz de una estrella que se está alejando de nosotros, debido al efecto Doppler (página 63).

**dimensión espacial:** Cualquiera de las tres dimensiones del espacio-tiempo que son espaciales —es decir, cualquiera excepto la dimensión temporal.

**dualidad onda/partícula:** En mecánica cuántica, concepto de que no hay distinción entre ondas y partículas; las partículas pueden a veces comportarse como ondas, y las ondas como partículas (página 85).

**electrón:** Partícula con carga eléctrica negativa que gira alrededor del núcleo de un átomo.

**enana blanca:** Estrella fría estable, mantenida por la repulsión debida al principio de exclusión entre electrones (página 119).

**energía de la gran unificación:** La energía por encima de la cual se cree que la fuerza electromagnética, la fuerza débil y la interacción fuerte se hacen indistinguibles unas de otras (página 107).

**energía de unificación electrodébil:** La energía (alrededor de 100 GeV) por encima de la cual la distinción entre la fuerza electromagnética y la fuerza débil desaparece (página 104).

**espacio-tiempo:** El espacio de cuatro dimensiones, cuyos puntos son los sucesos (página 45).

**espectro:** Separación de, por ejemplo, una onda electromagnética en sus frecuencias componentes (página 62).

**espín:** Propiedad interna de las partículas elementales, relacionada con, pero no idéntica a, el concepto ordinario de giro (página 97).

**estado estacionario:** El que no cambia con el tiempo: una esfera girando a un ritmo constante está estacionaria porque tiene una apariencia idéntica en cualquier instante, aunque no esté estática.

**estrella de neutrones:** Una estrella fría, mantenida por la repulsión debida al principio de exclusión entre neutrones (página 119).

**fase:** En una onda, posición en su ciclo en un instante especificado: una medida de si está en una cresta, en un valle, o en algún punto entre ellos.

**fotón:** Un cuanto de luz.

**frecuencia:** Para una onda, número de ciclos completos por segundo.

**fuerza nuclear débil:** La segunda más débil de las cuatro fuerzas fundamentales, con un alcance muy corto. Afecta a todas las partículas materiales, pero no a las partículas portadoras de fuerzas (página 103).

**fuerza electromagnética:** La que se produce entre partículas con carga eléctrica, la segunda más fuerte de las cuatro fuerzas fundamentales (página 102).

**fusión nuclear:** Proceso en el que dos núcleos chocan y se funden para formar un único núcleo, más pesado.

**geodésica:** El camino más corto (o más largo) entre dos puntos (página 51).

**horizonte de sucesos:** Frontera de un agujero negro (páginas 121 y 125).

**interacción nuclear fuerte:** La más fuerte de las cuatro fuerzas fundamentales y la que tiene el alcance menor de todas. Mantiene juntos a los *quarks* dentro de los protones y los neutrones, y une los protones y los neutrones para formar los núcleos de los átomos (página 105).

**límite de Chandrasekhar:** Máxima masa posible de una estrella fría estable, por encima de la cual tiene que colapsar a un agujero negro (páginas 118-119).

**longitud de onda:** En una onda, distancia entre dos valles o dos crestas adyacentes.

**masa:** Cantidad de materia de un cuerpo; su inercia, o resistencia a la aceleración.

**mecánica cuántica:** Teoría desarrollada a partir del principio cuántico de Planck y del principio de incertidumbre de Heisenberg (capítulo 4).

**neutrino:** Partícula material elemental extremadamente ligera (posiblemente sin masa), que se ve afectada solamente por la fuerza débil y la gravedad.

**neutrón:** Partícula sin carga, muy similar al protón, que representa aproximadamente la mitad de las partículas en el núcleo de la mayoría de los átomos (página 95).

**núcleo:** Parte central del átomo, que consta sólo de protones y neutrones, mantenidos juntos por la interacción fuerte.

**partícula elemental:** La que se cree que no puede ser subdividida.

**partícula virtual:** En mecánica cuántica, partícula que no puede ser nunca detectada directamente, pero cuya existencia sí tiene efectos medibles (páginas 100-101).

**peso:** La fuerza ejercida sobre un cuerpo por un campo gravitatorio. Es proporcional, pero no igual, a su masa.

**positrón:** La antipartícula (cargada positivamente) del electrón.

**principio antrópico:** Vemos el universo de la forma que es porque, si fuese diferente, no estaríamos aquí para observarlo (página 166).

**principio cuántico de Planck:** La idea de que la luz (o cualquier otra onda clásica) puede ser emitida o absorbida solamente en cuantos discretos, cuya energía es proporcional a la frecuencia (página 82).

**principio de exclusión:** Dos partículas de espín 1/2 idénticas no pueden tener (dentro de los límites establecidos por el principio de incertidumbre) la misma posición y la misma velocidad (página 98).

**principio de incertidumbre:** Nunca se puede estar totalmente seguro acerca de la posición y la velocidad de una partícula; cuanto con más exactitud se conozca una de ellas, con menos precisión puede conocerse la otra (página 82).

**proporcional:** «X es proporcional a Y» significa que cuando Y se multiplica por cualquier número, lo mismo le ocurre a X. «X es inversamente proporcional a Y» significa que cuando Y se multiplica por cualquier número, X se divide por ese número.

**protón:** Cada una de las partículas cargadas positivamente que constituyen aproximadamente la mitad de las partículas en el núcleo de la mayoría de los átomos (página 95).

**quark:** Partícula elemental (cargada) que siente la interacción fuerte. Protones y neutrones están compuestos cada uno por tres *quarks* (página 95).

**radar:** Sistema que emplea pulsos de ondas de radio para detectar la posición de objetos, midiendo el tiempo que un único pulso tarda en alcanzar el objeto y ser reflejado.

**radiación de fondo de microondas:** La procedente del brillo del universo primitivo caliente, en la actualidad tan fuertemente desplazada hacia el rojo que no aparece como luz, sino como microondas (ondas de radio con una longitud de onda de unos pocos centímetros) (página 68).

**radiactividad:** Descomposición espontánea de un tipo de núcleo atómico en otro.

**rayo gamma:** Ondas electromagnéticas de longitud de onda muy corta, producidas en la desintegración radioactiva o por colisiones de partículas elementales.

**relatividad especial:** Teoría de Einstein basada en la idea de que las leyes de la ciencia deben ser las mismas para todos los observadores que se mueven libremente, no importa cual sea su velocidad (página 50).

**relatividad general:** Teoría de Einstein basada en la idea de que las leyes de la ciencia deben ser las mismas para todos los observadores, no importa cómo se estén moviendo. Explica la fuerza de la gravedad en términos de la curvatura de un espacio-tiempo de cuatro dimensiones (página 51).

**segundo-luz (año-luz):** Distancia recorrida por la luz en un segundo (o en un año).

**singularidad:** Un punto en el espacio-tiempo en el cual la curvatura del espacio-tiempo se hace infinita (página 73).

**singularidad desnuda:** Singularidad del espacio-tiempo no rodeada por un agujero negro (página 124).

**suceso:** Un punto en el espacio-tiempo, especificado por su tiempo y su lugar (página 44).

**teorema de la singularidad:** El que demuestra que tiene que existir una singularidad en determinadas circunstancias; en particular, que el universo tuvo que haber comenzado con una singularidad (páginas 76-78).

**teorías de gran unificación (TGU):** Las que unifican las fuerzas electromagnéticas, fuerte y débil (página 106).

**tiempo imaginario:** Tiempo medido utilizando números imaginarios (página 178).

# ÍNDICE ALFABÉTICO

# ÍNDICE